普通高等教育工科类专业教学改革系列教材
浙江省普通高校"十三五"新形态教材
浙江省重点教材建设项目

机械制图习题集
（项目式教学）
第 2 版

主　编　涂晶洁　赖尚丁
副主编　杨　光
参　编　赖卉卉　张育斌
主　审　颜曼兰

机械工业出版社

本习题集与涂晶洁主编的浙江省重点教材《机械制图（项目式教学）》配套使用。

本习题集是以教育部高等学校工程图学教学指导委员会制订的高等学校画法几何与工程制图课程教学基本要求以及有关机械制图的现行国家标准为依据编写而成的。为方便使用，本习题集各项目的编排与主教材一致。考虑到机械类、近机械类专业"机械制图"课程的类型及课时不同，本习题集的习题数量留有一定余地，各高等学校可根据具体情况，按照课程教学大纲要求选取所需内容。

本习题集可作为应用型大学本科机械类与近机械类专业的学生用书，也可供高职高专、夜大、函授和成人高校的学生使用。

图书在版编目（CIP）数据

机械制图习题集：项目式教学/涂晶洁，赖尚丁主编. —2版. —北京：机械工业出版社，2021.6

普通高等教育工科类专业教学改革系列教材　浙江省重点教材建设项目

ISBN 978-7-111-68258-5

Ⅰ.①机… Ⅱ.①涂… ②赖… Ⅲ.①机械制图-高等学校-习题集 Ⅳ.①TH126-44

中国版本图书馆 CIP 数据核字（2021）第 089097 号

机械工业出版社（北京市百万庄大街22号　邮政编码100037）
策划编辑：王　丹　责任编辑：王　丹　陈　宾
责任校对：李　婷　封面设计：鞠　杨
责任印制：郜　敏
北京汇林印务有限公司印刷
2021年8月第2版第1次印刷
370mm×260mm・13.5印张・321千字
0001—2000册
标准书号：ISBN 978-7-111-68258-5
定价：38.00元

电话服务　　　　　　　　　网络服务
客服电话：010-88361066　　机　工　官　网：www.cmpbook.com
　　　　　010-88379833　　机　工　官　博：weibo.com/cmp1952
　　　　　010-68326294　　金　书　网：www.golden-book.com
封底无防伪标均为盗版　机工教育服务网：www.cmpedu.com

前　　　言

本习题集与涂晶洁主编的浙江省重点教材《机械制图（项目式教学）》配套使用。本习题集共有 10 个项目，内容包括：制图基本知识与技能的学习与应用，点、直线和平面投影的学习与应用，立体投影的学习与应用，组合体知识的学习与应用，零件形状表达方法的学习与应用，机械图样中特殊表示法的学习与应用，零件图知识的学习与应用，装配图知识的学习与应用，国外典型制图标准简介与应用，以及 AutoCAD 软件的典型应用。

参与本习题集编写的人员均为宁波财经学院的老师。主编为涂晶洁、赖尚丁，副主编为杨光，参编为赖卉卉、张育斌。颜曼兰老师审阅了本习题集，并提出了许多宝贵的意见和建议。在此表示衷心的感谢。

由于编者水平有限，习题集中难免存在不足和漏误，欢迎广大读者和同仁批评指正。

编　者

目 录

前言
项目1 制图基本知识与技能的学习与应用 ………………………………… 1
    1-1 制图的基本知识（一） 字体练习 …………………………………… 1
    1-1 制图的基本知识（二） 图线练习 …………………………………… 2
    1-1 制图的基本知识（三） 尺寸标注练习 ……………………………… 3
    1-1 制图的基本知识（四） 几何作图 …………………………………… 5
    1-1 制图的基本知识（五） 平面图形的尺寸标注 ……………………… 9
    1-2 制图作业 ……………………………………………………………… 10

项目2 点、直线和平面投影的学习与应用 ……………………………… 11
    2-1 投影法及三视图 识图练习（一） 补画图中缺的线 ……………… 11
    2-1 投影法及三视图 识图练习（二） 补画第三视图 ………………… 13
    2-1 投影法及三视图 识图练习（三） 由轴测图画三视图 …………… 15
    2-2 点的投影 ……………………………………………………………… 16
    2-3 直线的投影 …………………………………………………………… 18
    2-4 平面的投影 …………………………………………………………… 22
    2-5 直线与平面的相对位置（一） 直线与平面相交 …………………… 25
    2-5 直线与平面的相对位置（二） 两平面相交 ………………………… 26
    2-6 投影变换（换面法） ………………………………………………… 27

项目3 立体投影的学习与应用 …………………………………………… 28
    3-1 基本体的投影及其表面取点 ………………………………………… 28
    3-2 平面与立体的表面交线（一） 平面与平面体相交 ………………… 30
    3-2 平面与立体的表面交线（二） 平面与曲面体相交 ………………… 31
    3-3 回转体的表面交线 …………………………………………………… 34

项目4 组合体知识的学习与应用 ………………………………………… 37
    4-1 组合体的三视图（一） 根据轴测图画三视图 ……………………… 37
    4-1 组合体的三视图（二） 补画缺线 …………………………………… 38
    4-2 组合体视图的尺寸标注 ……………………………………………… 40
    4-3 组合体的视图（一） 补画第三视图 ………………………………… 42
    4-3 组合体的视图（二） 补画缺线 ……………………………………… 44
    4-3 组合体的视图（三） 补画视图 ……………………………………… 46
    4-4 制图作业 组合体的三视图 ………………………………………… 48

项目5 零件形状表达方法的学习与应用 ………………………………… 49
    5-1 视图 …………………………………………………………………… 49
    5-2 剖视图（一） 全剖视图 ……………………………………………… 51
    5-2 剖视图（二） 半剖视图 ……………………………………………… 52
    5-2 剖视图（三） 局部剖视图 …………………………………………… 53
    5-2 剖视图（四） 单一剖切平面 ………………………………………… 55
    5-2 剖视图（五） 平行的剖切平面 ……………………………………… 56
    5-2 剖视图（六） 相交的剖切平面 ……………………………………… 57
    5-3 断面图 ………………………………………………………………… 58
    5-4 零件的其他表达方法 ………………………………………………… 60
    5-5 表达方法的综合应用 ………………………………………………… 61

项目6 机械图样中特殊表示法的学习与应用 …………………………… 63
    6-1 螺纹及其画法 ………………………………………………………… 63
    6-2 常用螺纹紧固件 ……………………………………………………… 65
    6-3 齿轮 …………………………………………………………………… 69
    6-4 键和销（一） 键联接 ………………………………………………… 70
    6-4 键和销（二） 销联接 ………………………………………………… 72

6-5	弹簧 ... 72	8-1	画装配图（二） ... 87
6-6	滚动轴承 ... 73	8-2	读装配图（一） ... 91

项目 7　零件图知识的学习与应用 ... 74
　7-1　零件图上的尺寸标注 ... 74
　7-2　零件图上的技术要求标注 ... 75
　7-3　读零件图（一） ... 79
　7-3　读零件图（二） ... 80
　7-3　读零件图（三） ... 82
　7-3　读零件图（四） ... 83

项目 8　装配图知识的学习与应用 ... 85
　8-1　画装配图（一） ... 85

　8-2　读装配图（二） ... 92
　8-2　读装配图（三） ... 94
　8-2　读装配图（四） ... 95

项目 9　国外典型制图标准简介与应用 ... 97
　9-1　利用第三角投影法绘制三视图 ... 97

项目 10　AutoCAD 软件的典型应用 ... 98
　10-1　利用 AutoCAD 绘制平面图形 ... 98
　10-2　利用 AutoCAD 绘制三视图和剖视图 ... 99
　10-3　利用 AutoCAD 绘制三维立体图 ... 100

项目 1　制图基本知识与技能的学习与应用

1-1　制图的基本知识(一)　字体练习

机械制图工程语言装配零件图技术要求

圆弧连接尺寸标注拔模斜度螺纹粗糙度

明细栏标题栏一组视图完整尺寸设备名称重量键和销

轴套盘盖叉架箱体汽车配件阀门手柄垫片密封圈填料

字体采用长仿宋体笔画清楚排列整齐间隔均匀组合体

工艺审核设计备注安装形位公差齿轮传动紧固件比例

1234567890Rφ　Ⅰ Ⅱ Ⅲ Ⅴ Ⅵ Ⅸ Ⅹ

ABCDEFGHIJKLMNOPQRSTUVWXYZ

ABCDEFGHIJKLMNOPQRSTUVWXYZ　1234567890Rφ

abcdefghijklmnopqrstuvwxyz　1234567890Rφ

班级　　　学号　　　姓名

1-1 制图的基本知识(二) 图线练习

1. 在指定位置按示范图形和线条画出相应的图形和线条。

3. 用 A4 图纸按 1:1 的比例绘制以下图形。

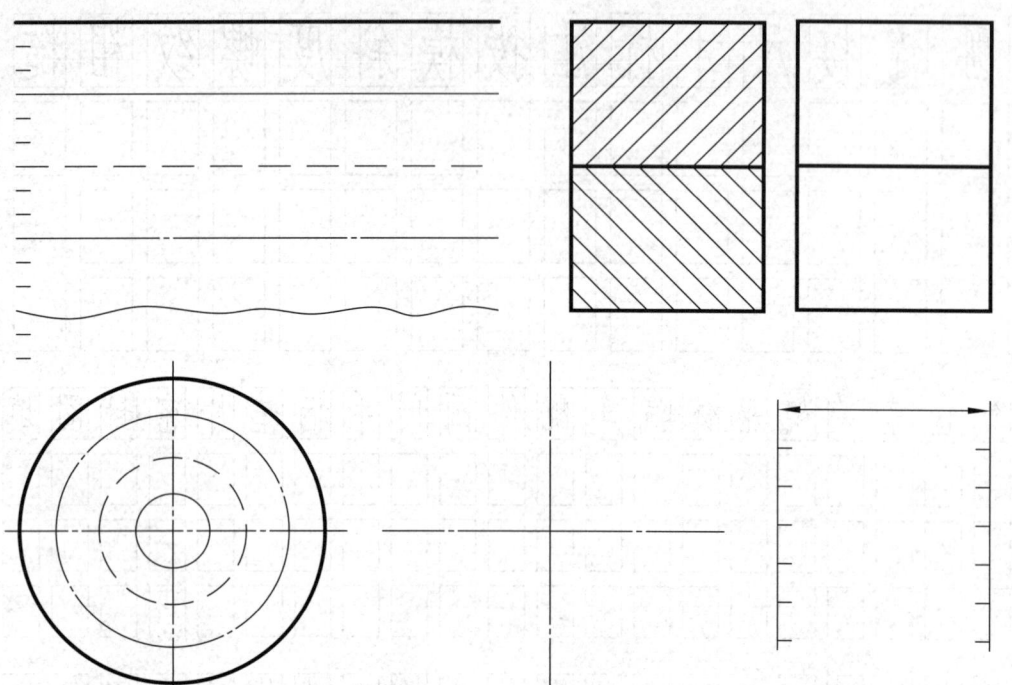

2. 在下图左侧画出与右侧相对应的图线。

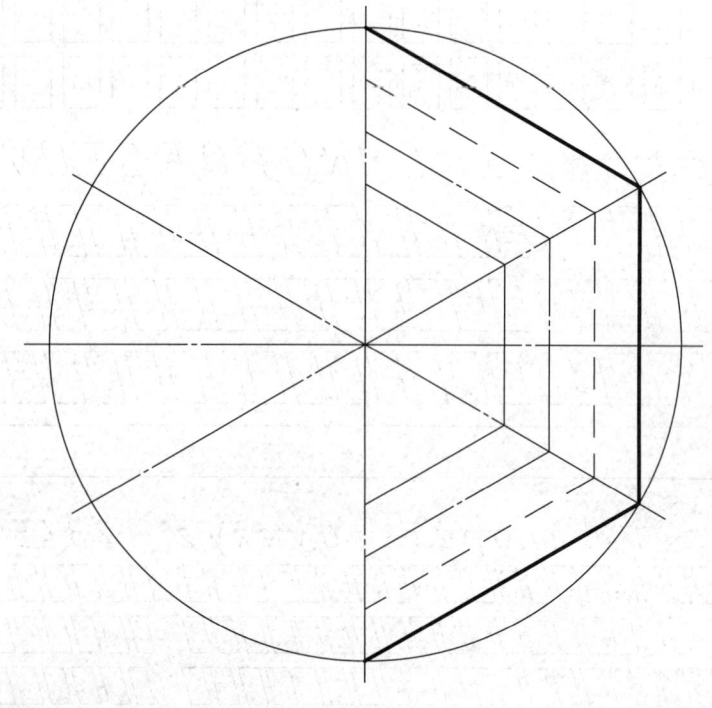

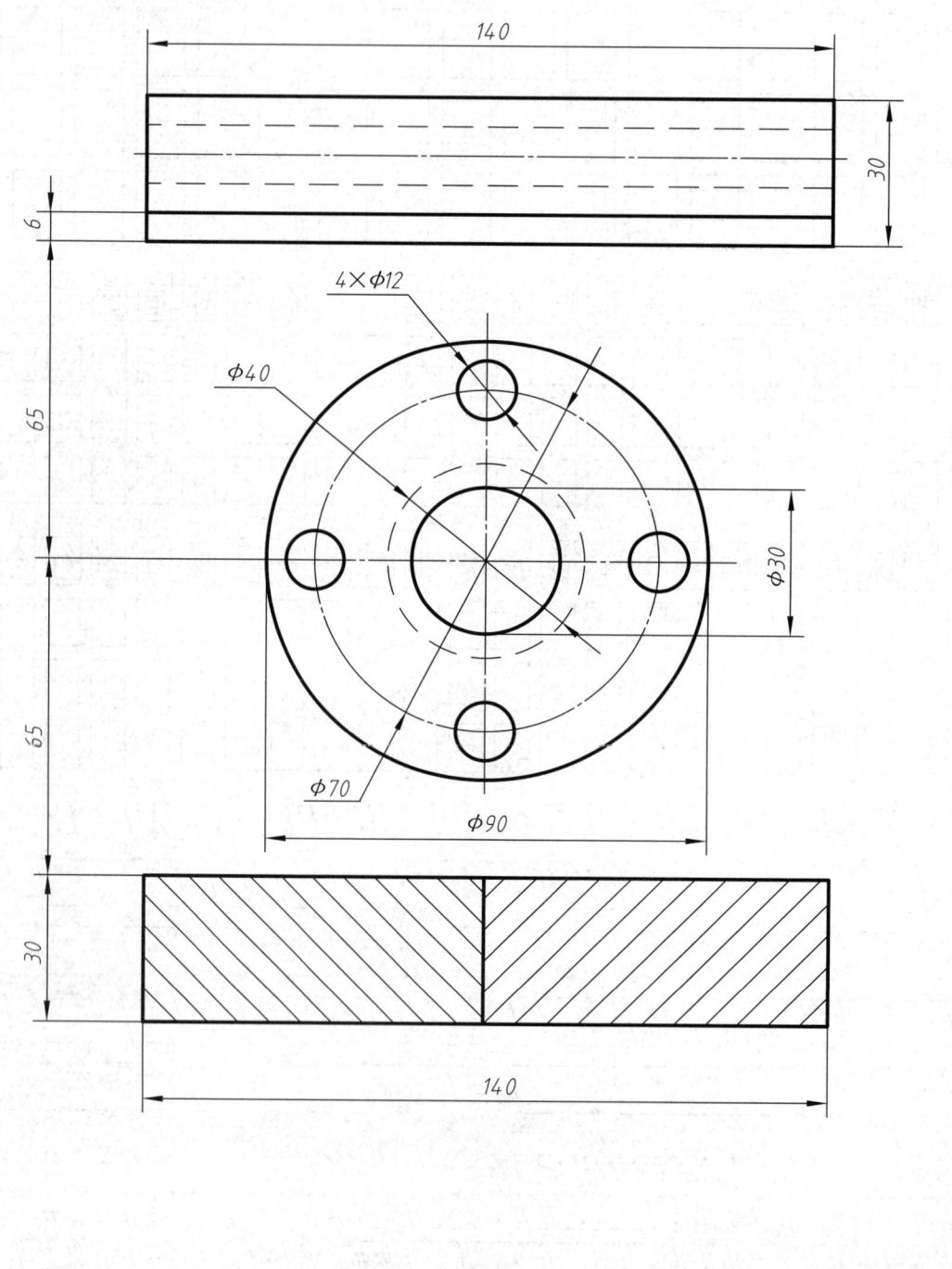

1-1 制图的基本知识(三) 尺寸标注练习	
1. 画出尺寸线的终端形式,并标注尺寸。 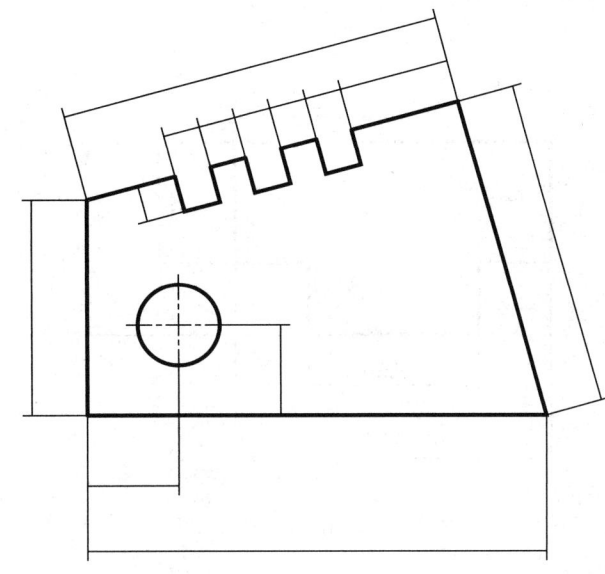	3. 分析图中尺寸标注的错误,并作出正确的尺寸标注。 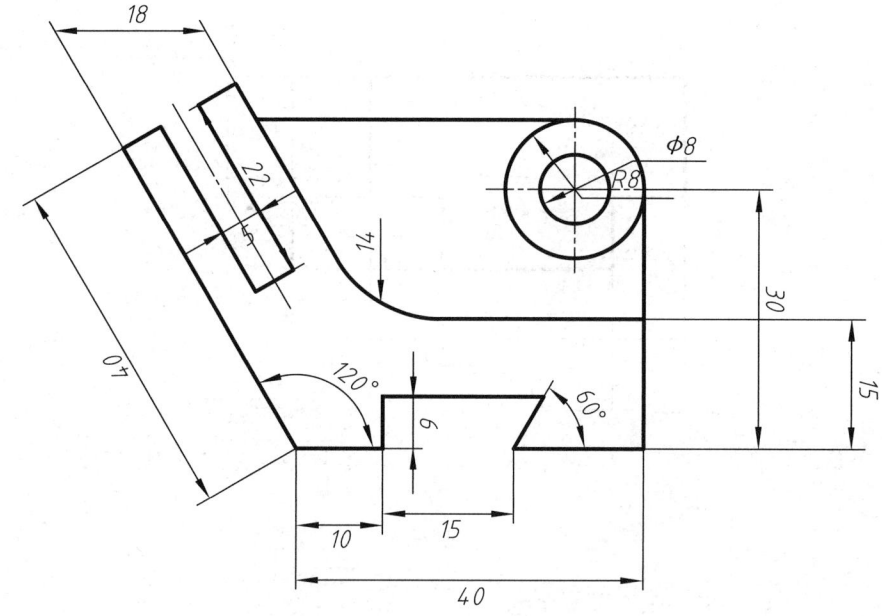
2. 画出尺寸线的终端形式,并标注尺寸。 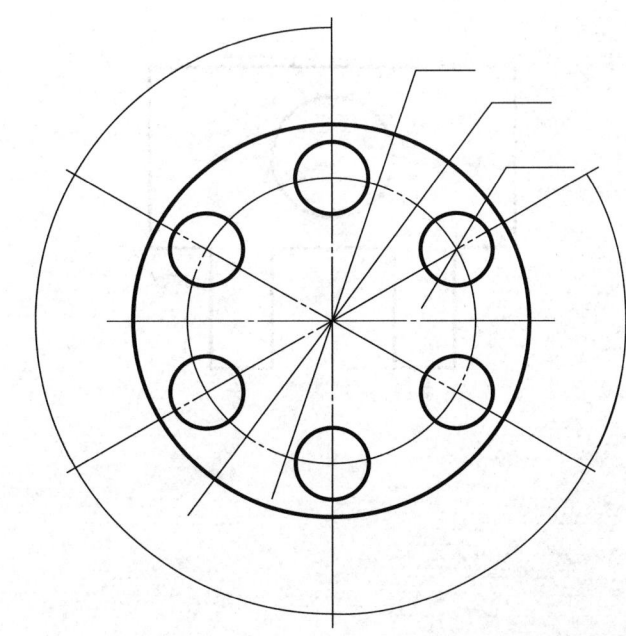	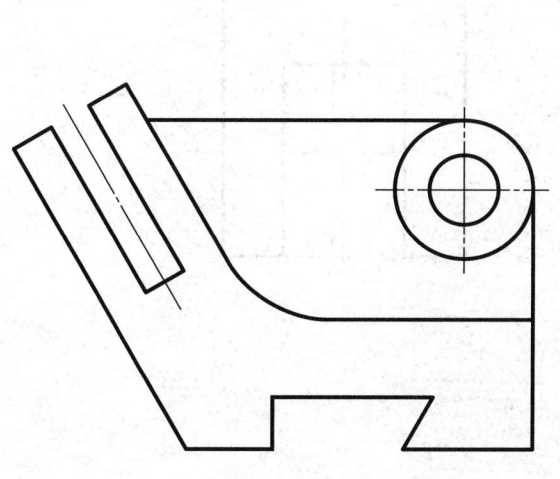

班级　　　　学号　　　　姓名　　　　3

| 1-1 | 制图的基本知识(三) 尺寸标注练习(续) |

4. 分析 a、b、c 图中尺寸标注的正与误,并说明原因。标注 d 图的尺寸,尺寸从图中量取,取整数。

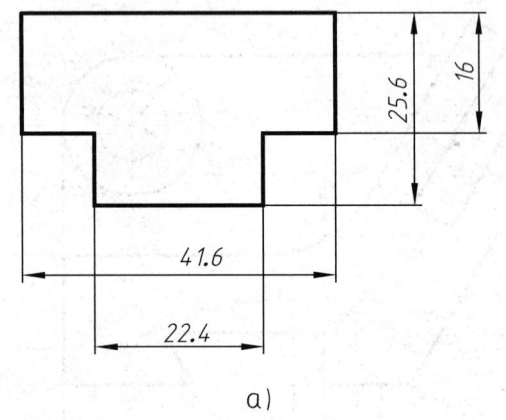

a)

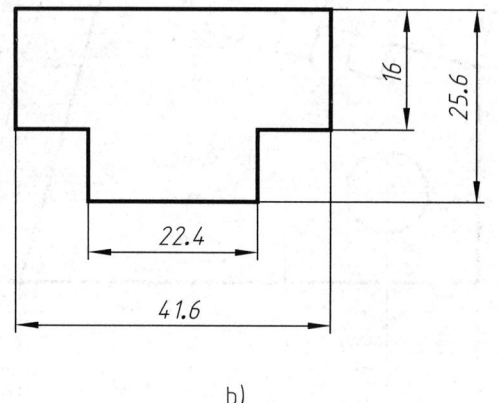

b)

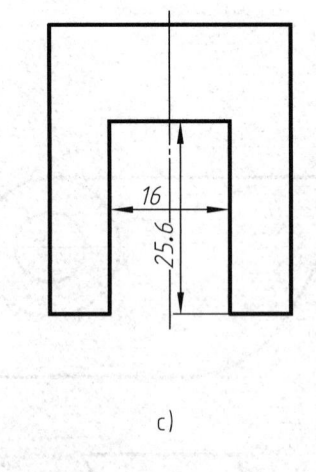

c)

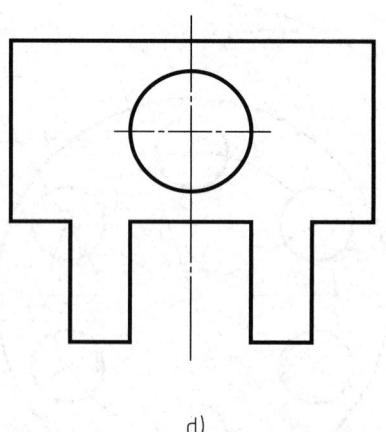

d)

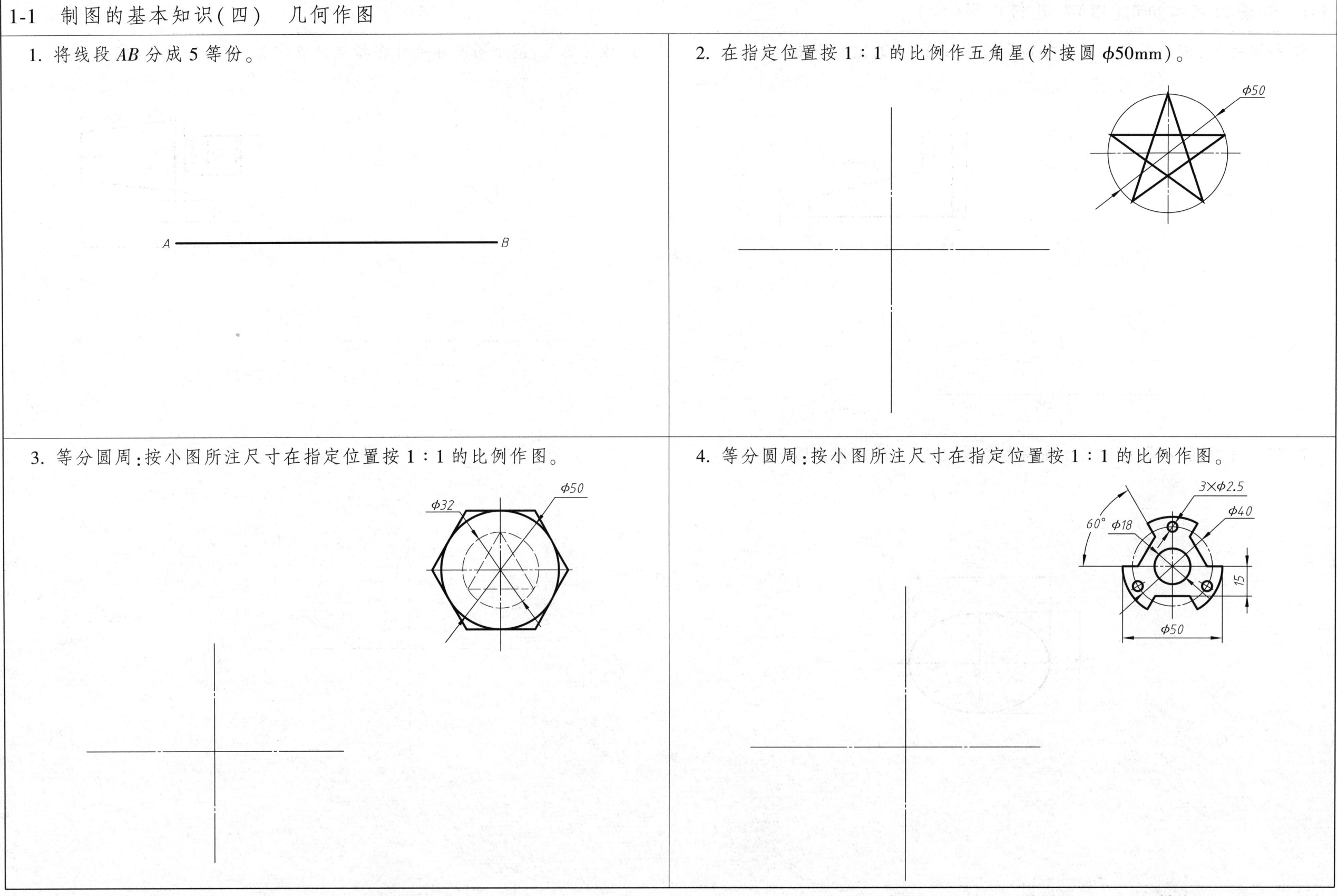

1-1 制图的基本知识(四)　几何作图(续)

5. 斜度练习:按小图所注尺寸在指定位置按2∶1的比例作图。

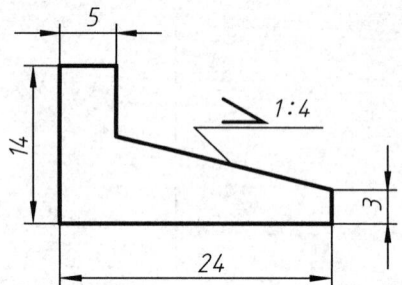

6. 锥度练习:按小图所注尺寸在指定位置按2∶1的比例作图。

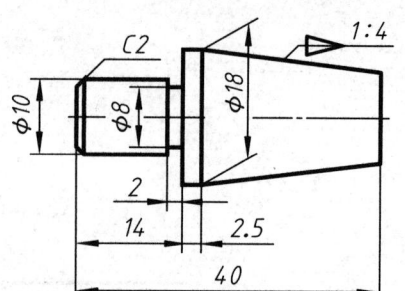

7. 椭圆练习:按小图所注尺寸在指定位置按2∶1的比例作图。

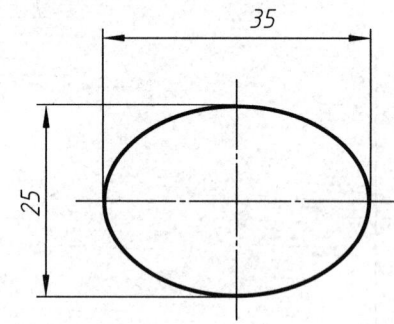

6

1-1 制图的基本知识(四) 几何作图(续)

8. 圆弧连接：按各小图要求及已知连接圆弧的半径尺寸，在指定位置完成作图。

(1)

(2)

(3)

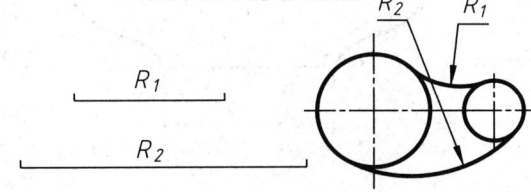

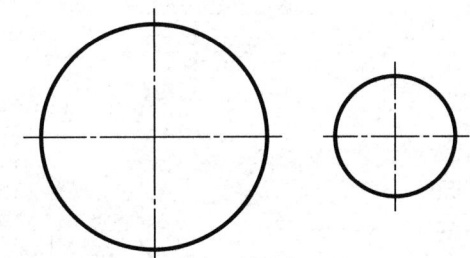

1-1 制图的基本知识（四） 几何作图（续）

（4）

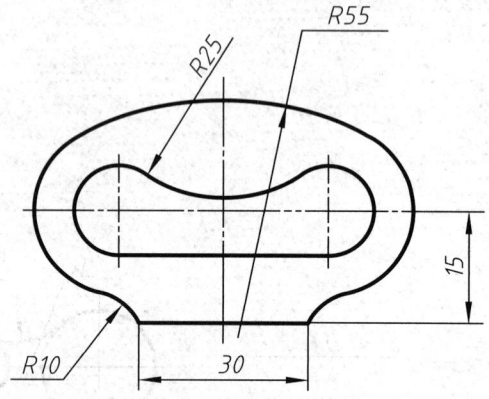

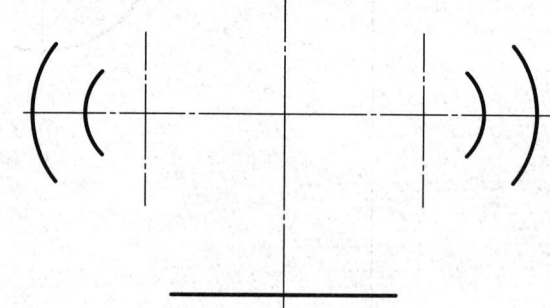

（5）

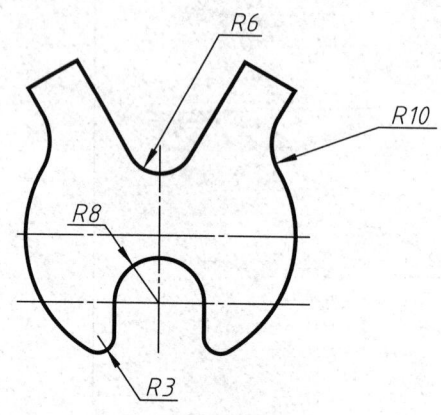

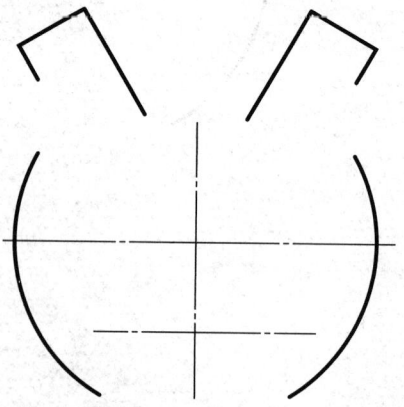

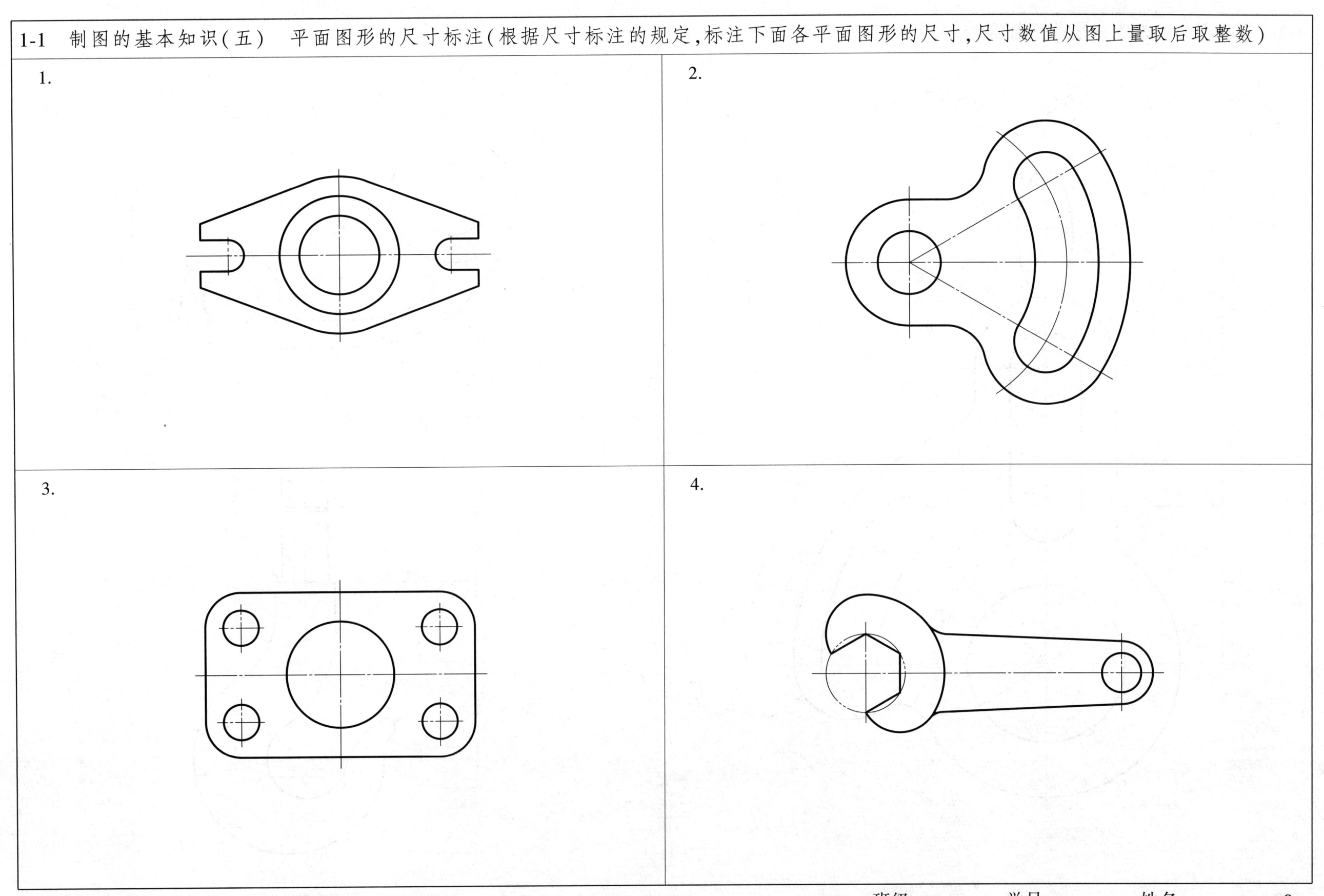

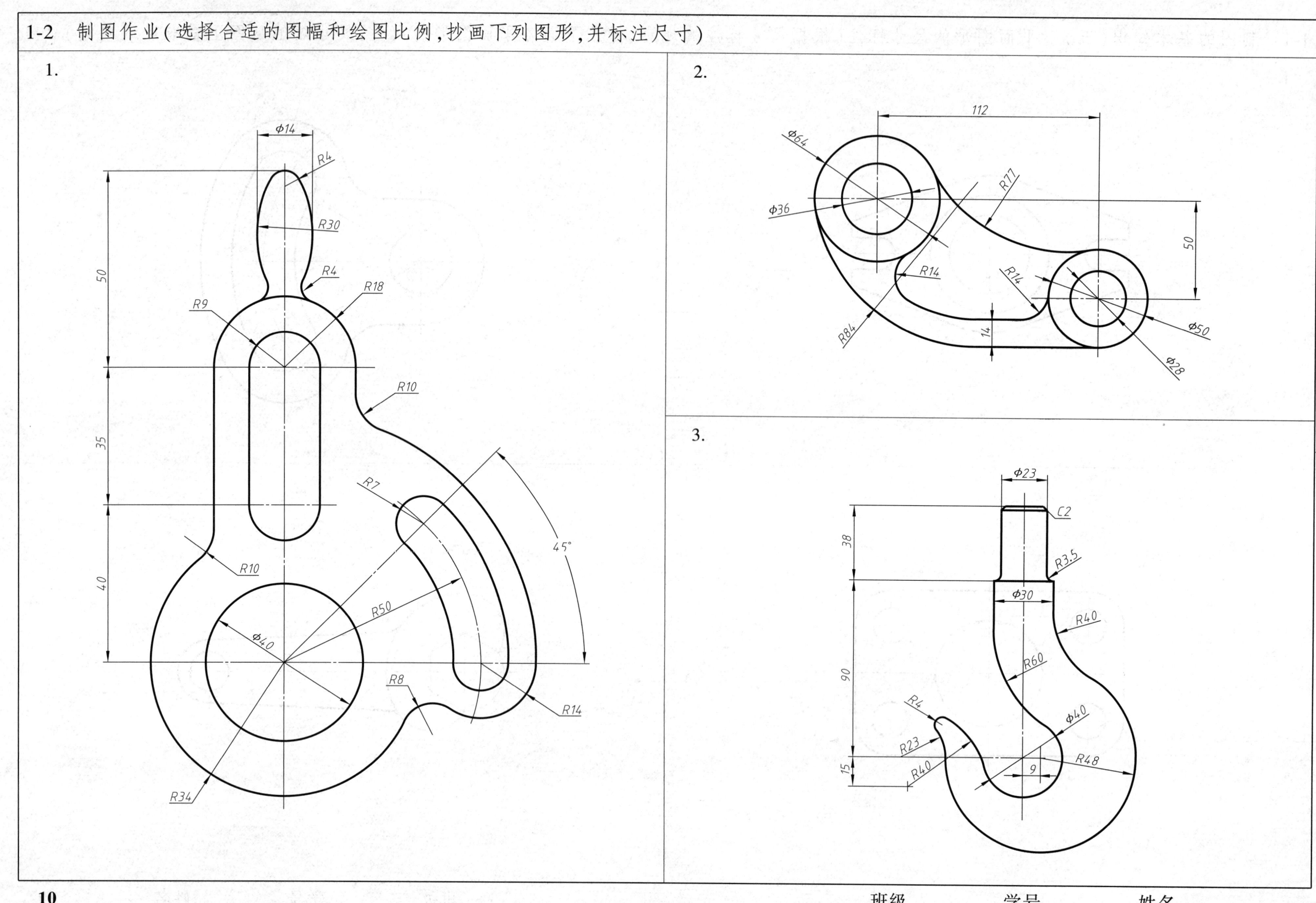

项目2 点、直线和平面投影的学习与应用

2-1 投影法及三视图　识图练习（一）　补画图中缺的线

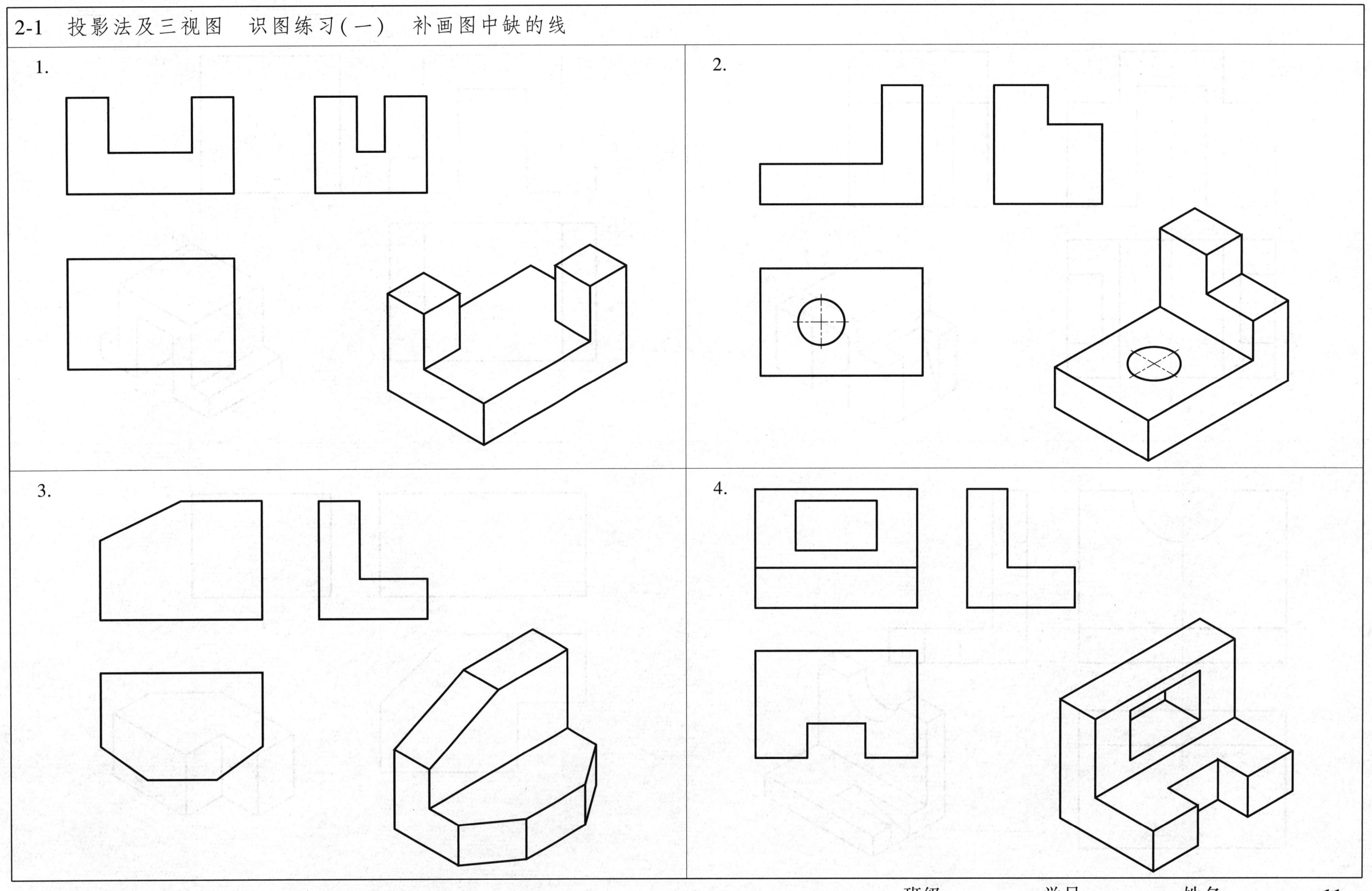

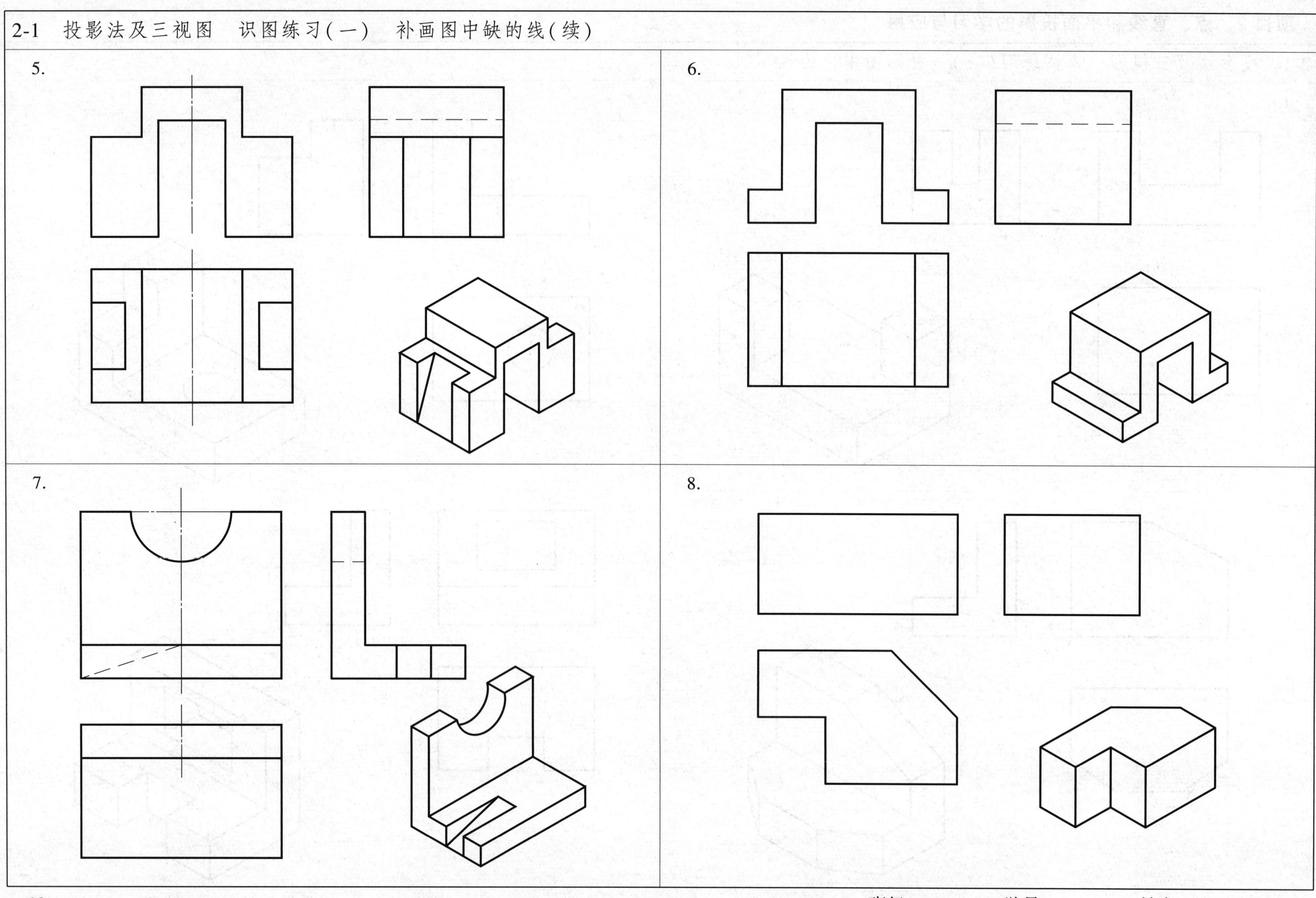

2-1 投影法及三视图　识图练习(二)　补画第三视图

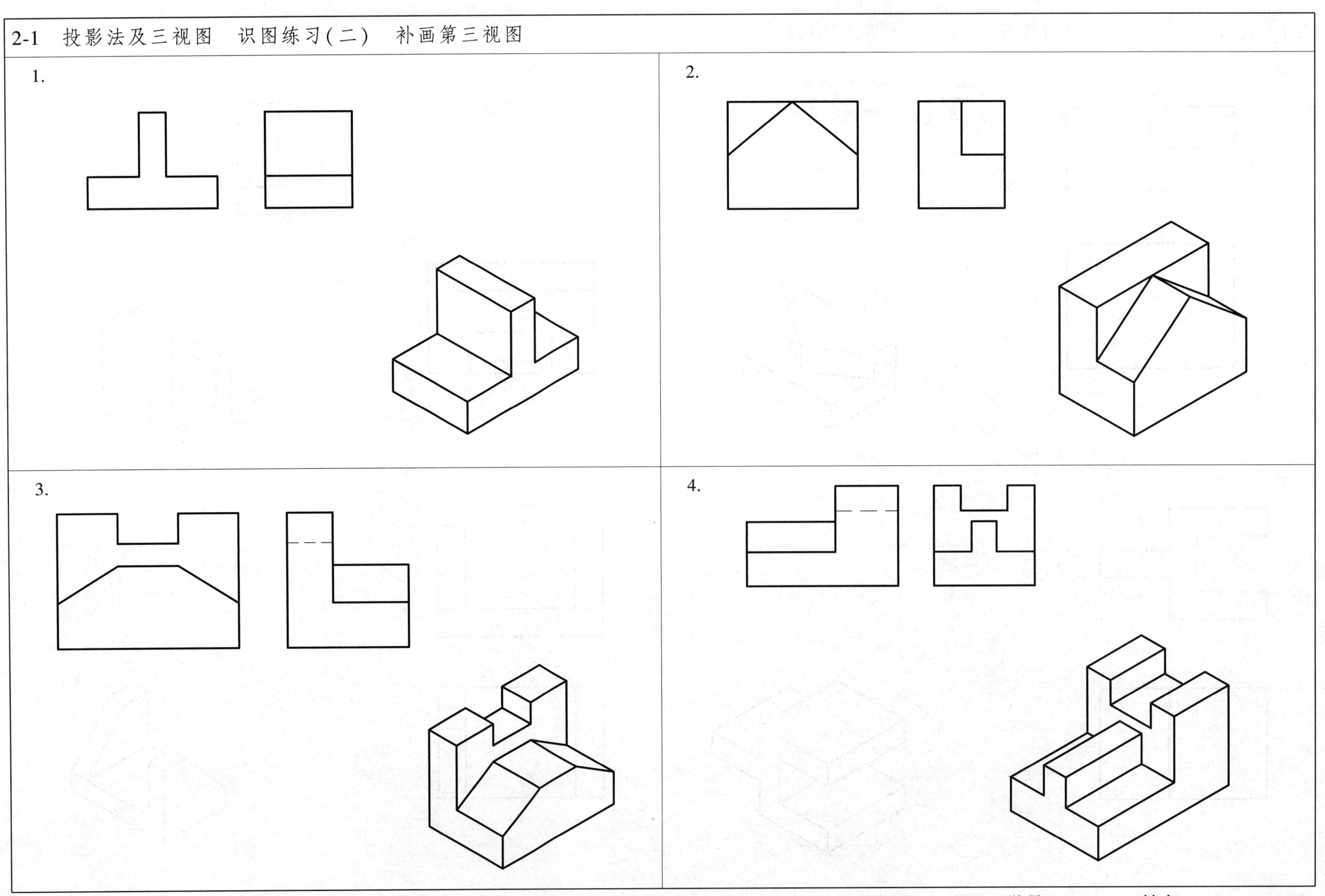

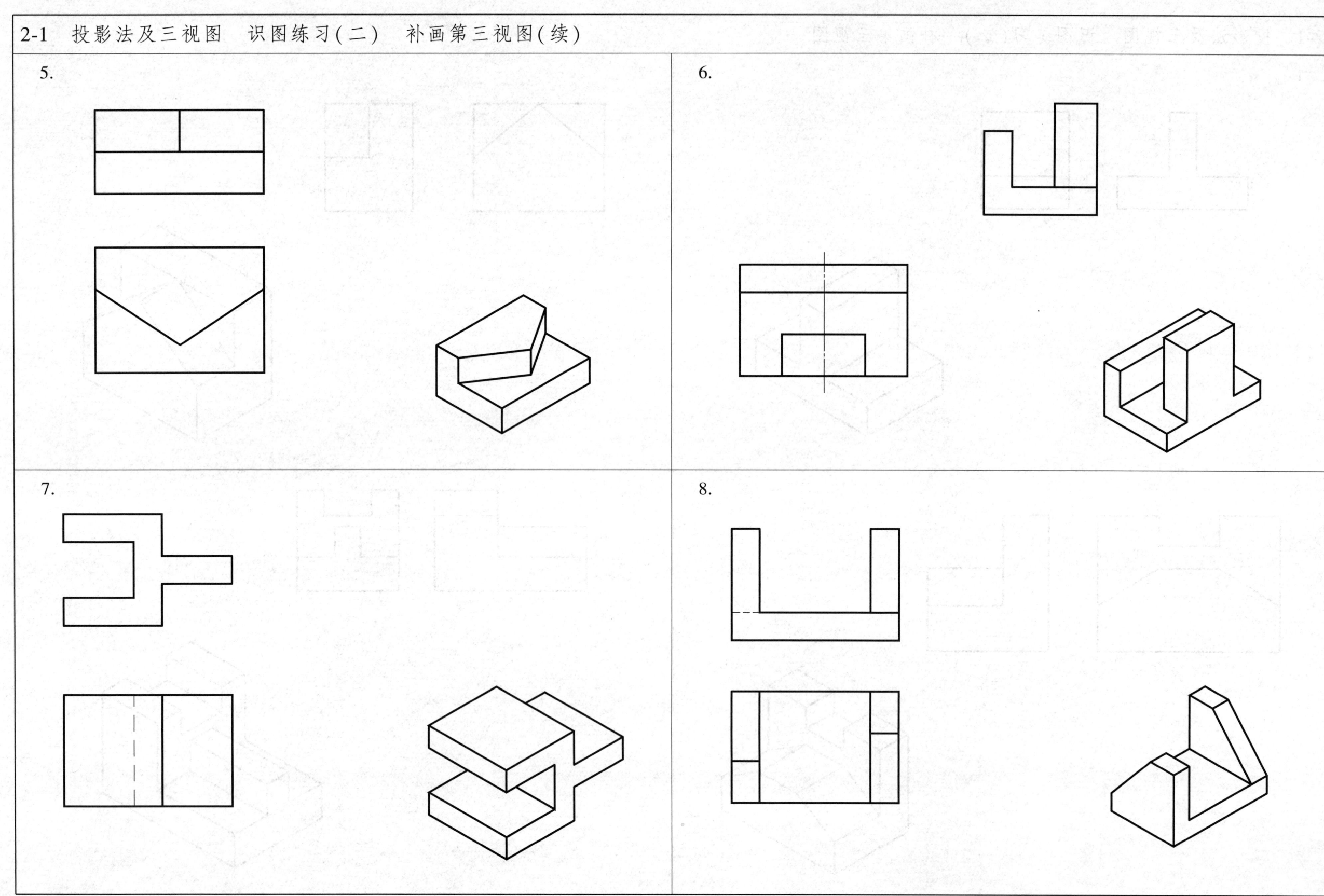

2-1　投影法及三视图　识图练习(三)　由轴测图画三视图(尺寸按1:1的比例在图上量取整数)

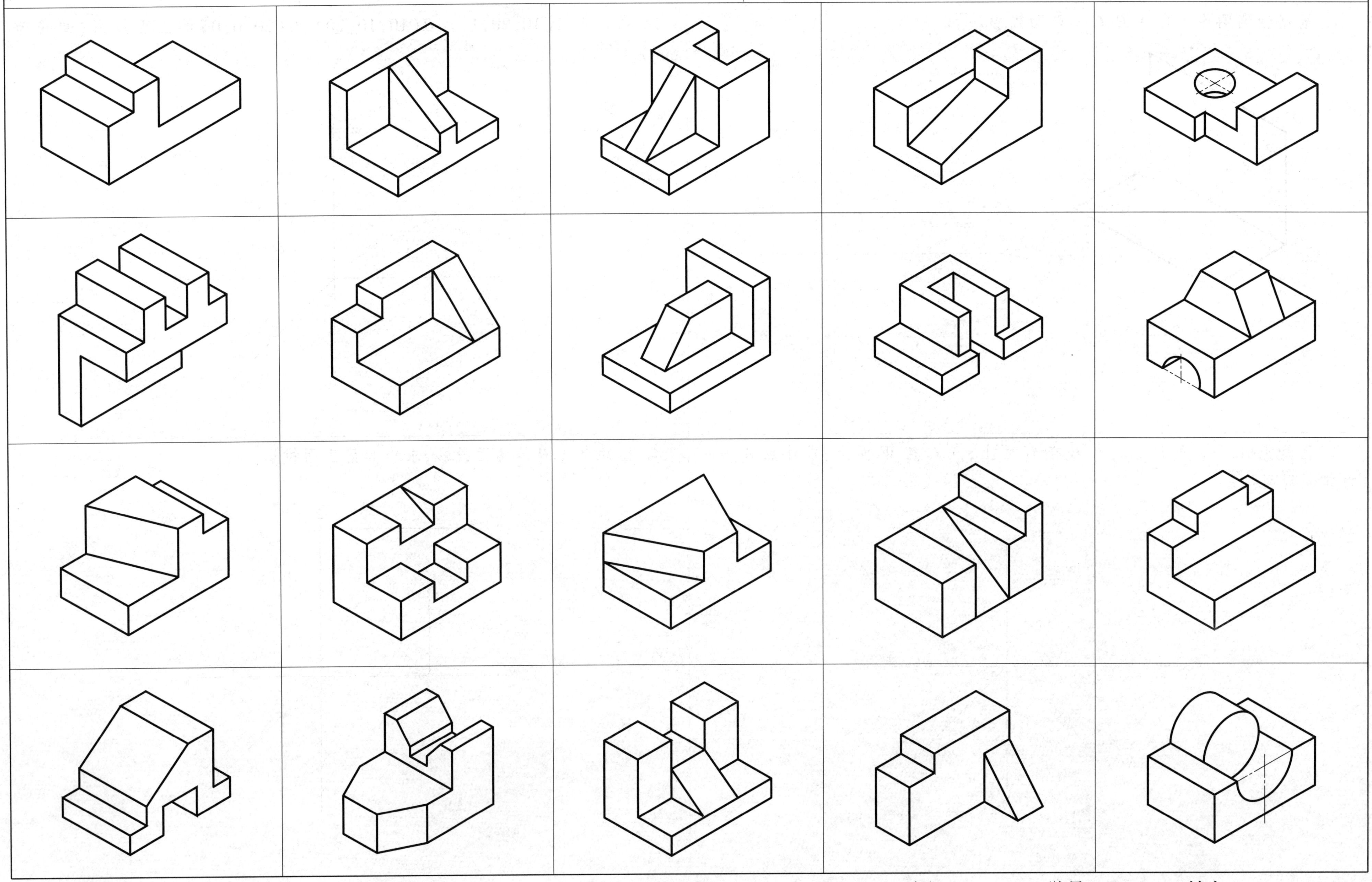

班级　　　学号　　　姓名　　15

2-2 点的投影

1. 根据轴测图作出点 A、B、C 的两面投影。

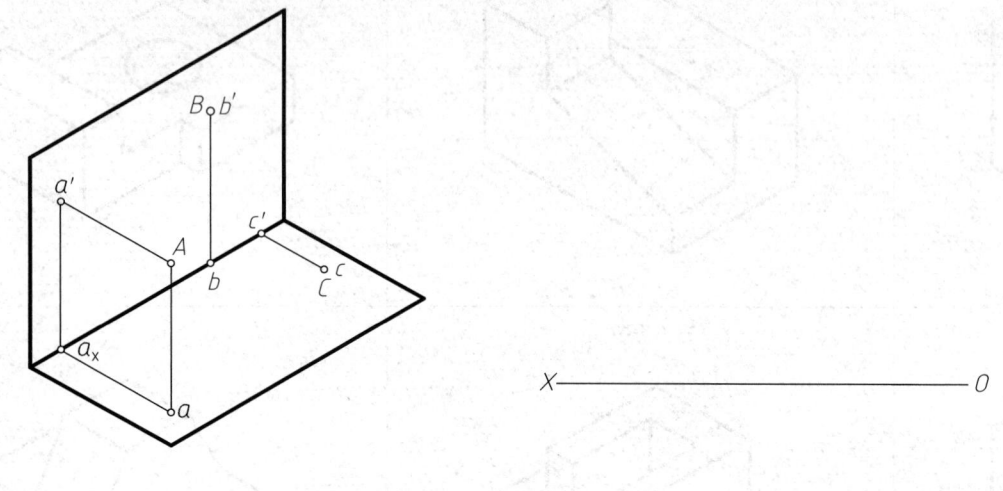

2. 求作点 $A(10,20,15)$、$B(10,10,20)$、$C(20,0,0)$ 的三面投影（单位为 mm）。

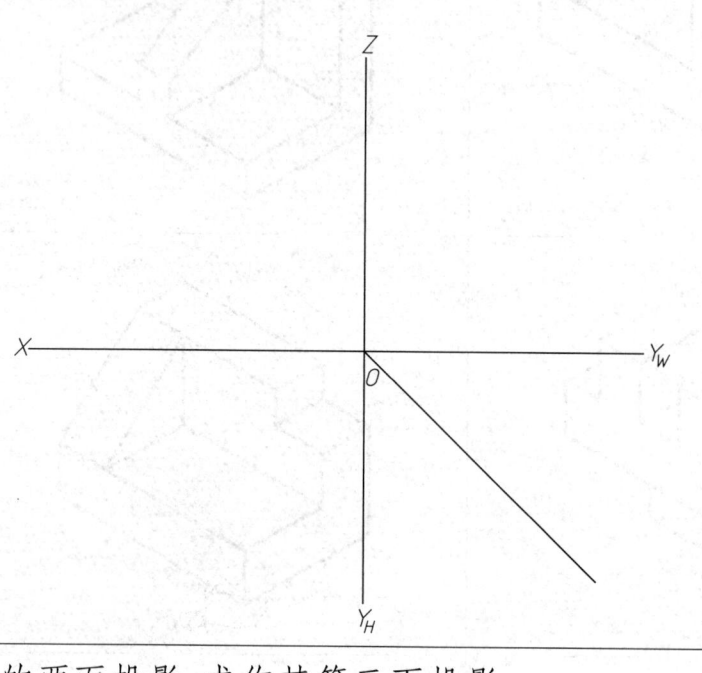

3. 已知点 A 距 V 面 15mm，点 B 在 H 面上，点 C 在 W 面上，求作点 A、B、C 的其余两面投影。

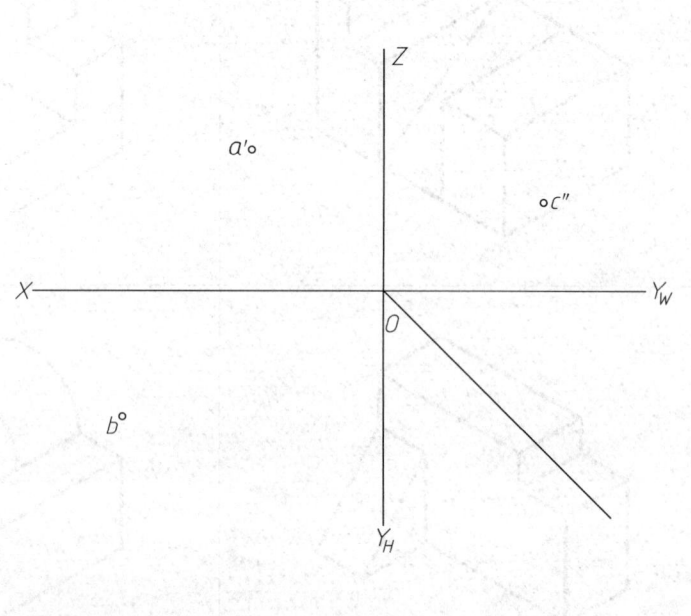

4. 已知点 A、B 的两面投影，求作其第三面投影。

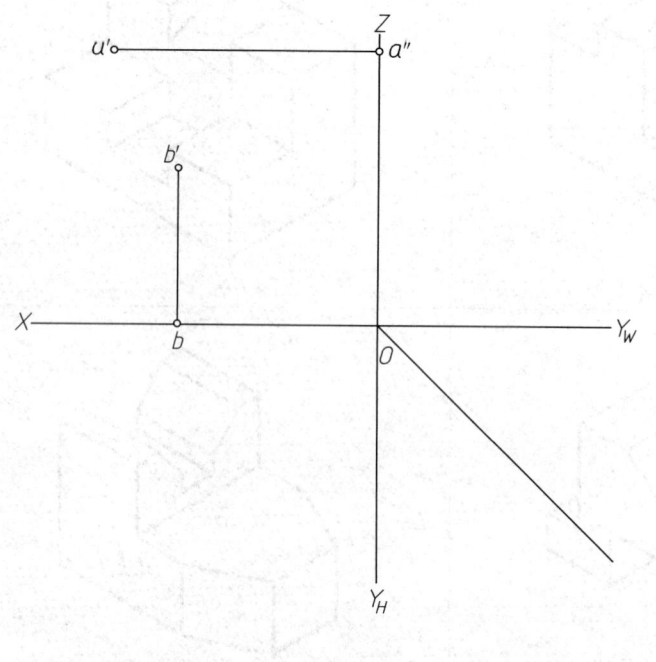

2-2 点的投影(续)

5. 作各点的三面投影: $A(25,15,20)$, $B(20,10,15)$, 点 C 在 A 点的右方 10, 前方 10, 下方 10(单位为 mm)。

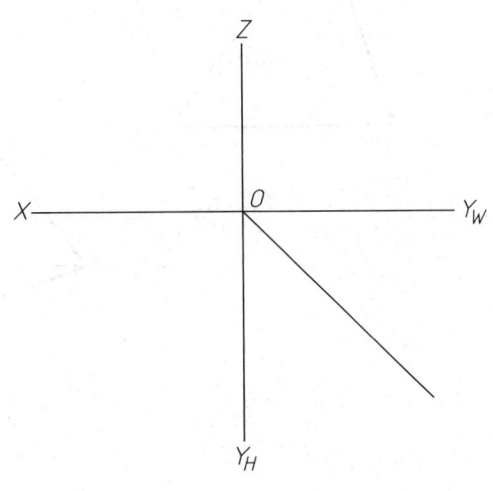

6. 已知点 A 的三面投影, B 点在 A 点的右方 15、上方 20、前方 10; C 点在 A 点的正下方 H 面上。求作 B、C 两点的三面投影(单位为 mm)。

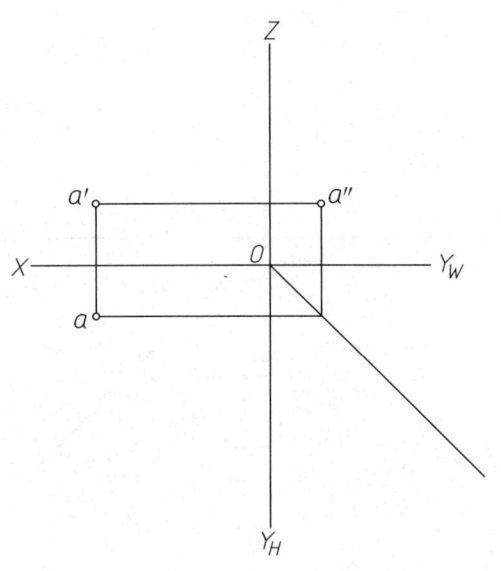

7. 根据点的坐标, 作点的三面投影, 并说明其空间位置(单位为 mm)。

点	坐标		
	x	y	z
A	15	20	10
B	30	0	15
C	25	30	0
D	0	25	20

A 点在_____, B 点在_____,
C 点在_____, D 点在_____。
_____点最高,_____点最低;
_____点最前,_____点最后;
_____点最左,_____点最右。

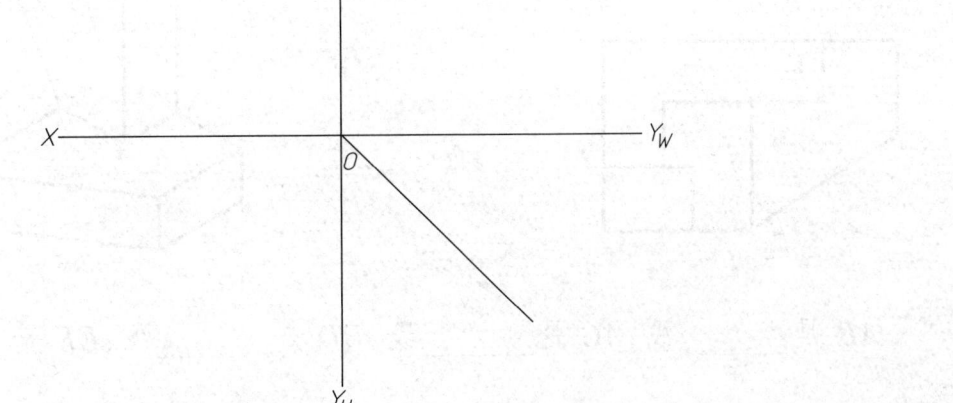

8. 根据 A、B 两点的三面投影, 判断 A、B 两点的相对位置。

A 点在 B 点之_____(上、下),
A 点在 B 点之_____(左、右),
A 点在 B 点之_____(前、后)。

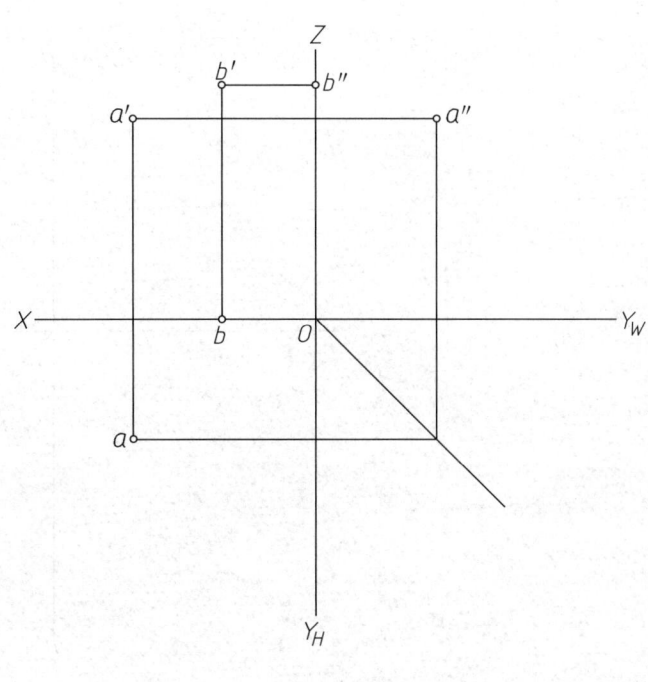

2-3 直线的投影

1. 已知线段 AB 的两端点 A(30,20,10)、B(10,10,30)，求作线段 AB 的三面投影（单位为 mm）。

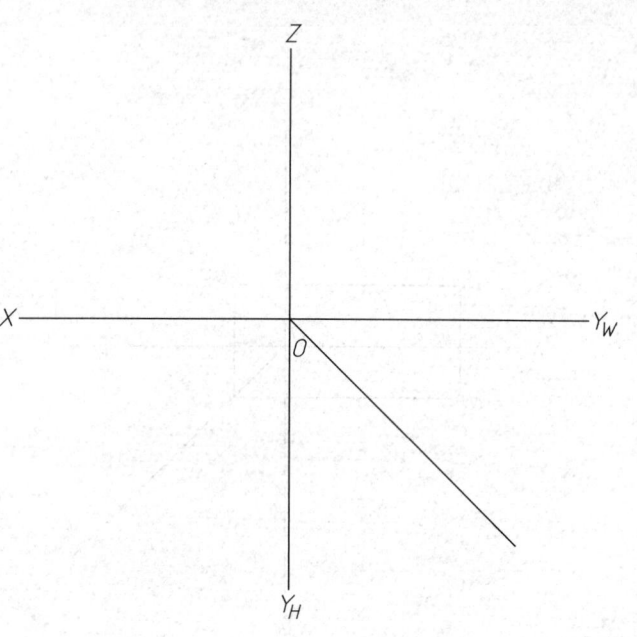

2. 判断正三棱锥上各棱线对投影面的相对位置。

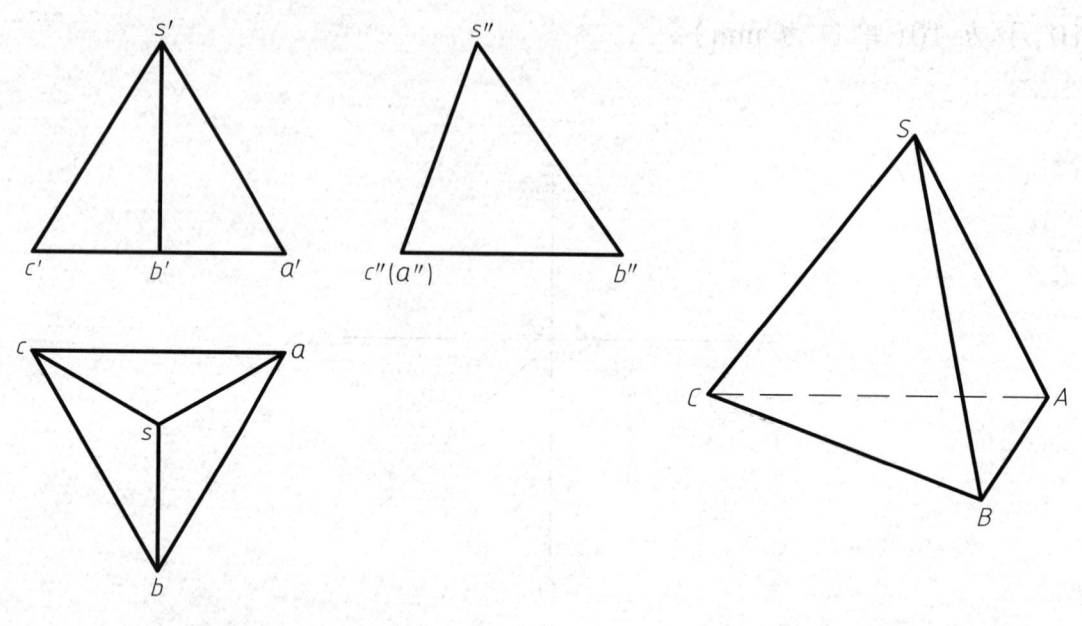

SA 是_____线，SB 是_____线，AC 是_____线，AB 是_____线。

3. 已知线段 AB 的两端点 A(16,16,16)、B(5,5,5)，求作线段 AB 的三面投影（单位为 mm）。

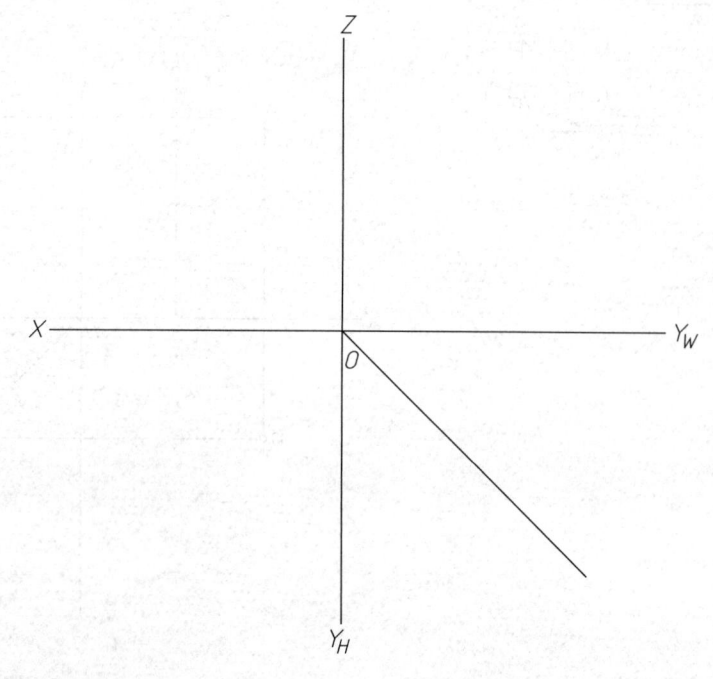

4. 对照轴测图，填写线段 AB、AC、BD、EF 的三面投影，并判断其对投影面的相对位置。

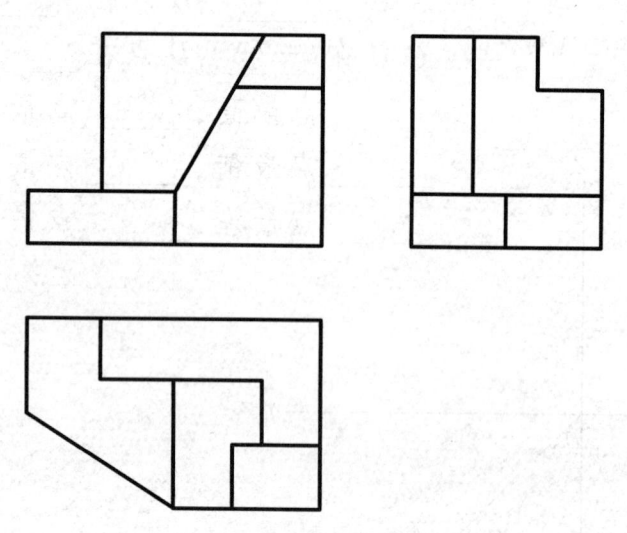
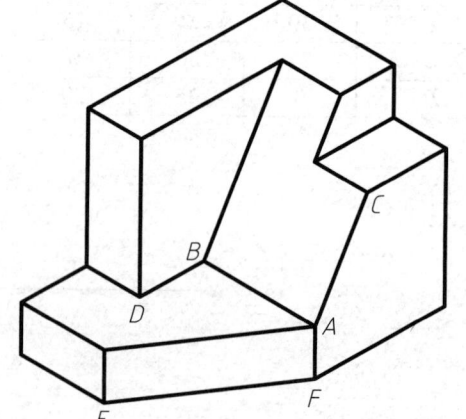

AB 是_____线，AC 是_____线，BD 是_____线，EF 是_____线。

2-3 直线的投影(续)

5. 已知直线 MN 的倾角 $\alpha=30°$，求作 $m'n'$。

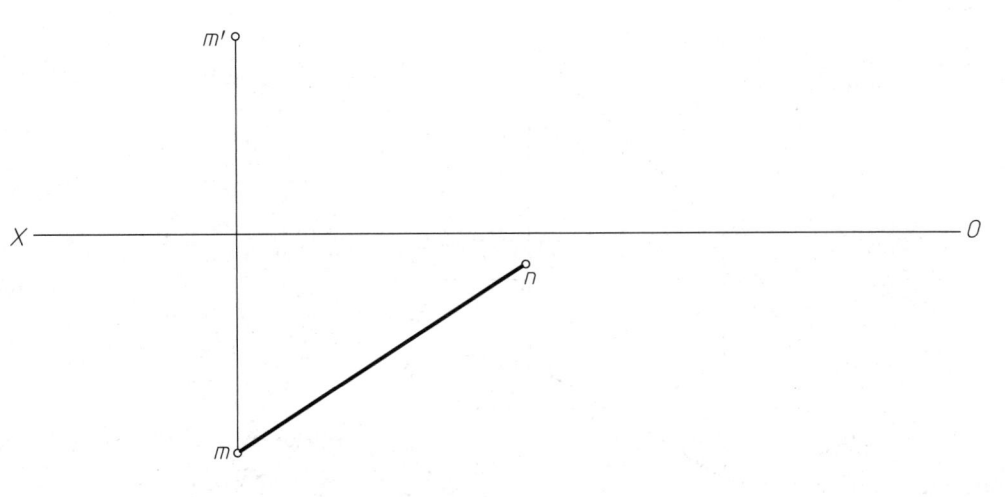

6. 已知直线 MN 的两面投影，求作该直线对投影面的倾角 α、β，并标注实长。

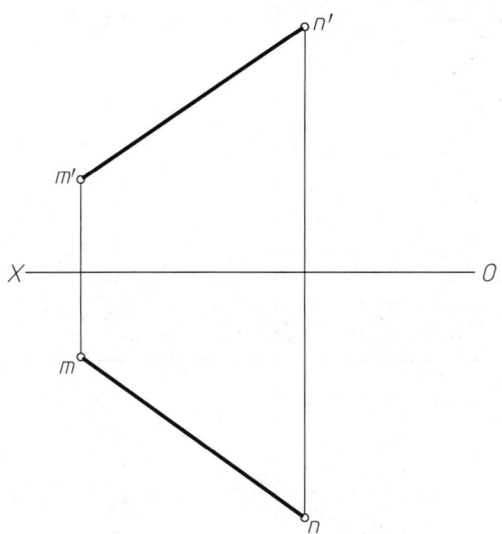

7. 已知 A、B、C 三点在同一条直线上，求 a' 和 c。

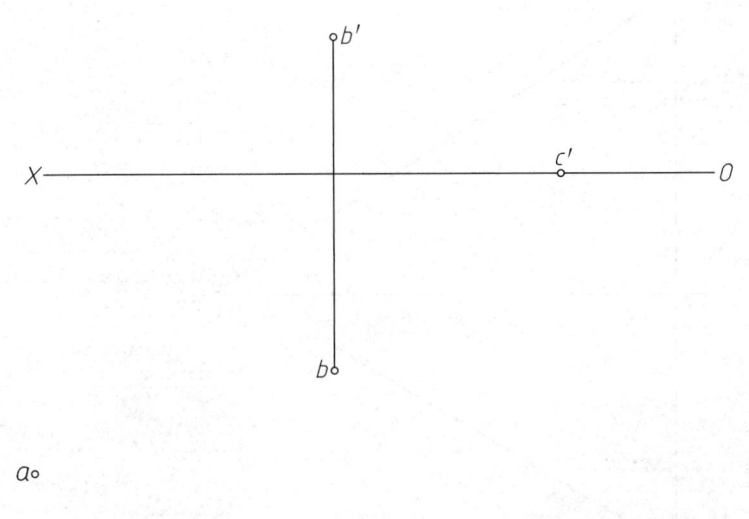

8. 已知正平线 AB 的实长为 25mm，在 V 面的前方 15mm，$\alpha=60°$；点 B 在点 A 的左方。求作线段 AB 的三面投影和对 H、W 面的倾角。

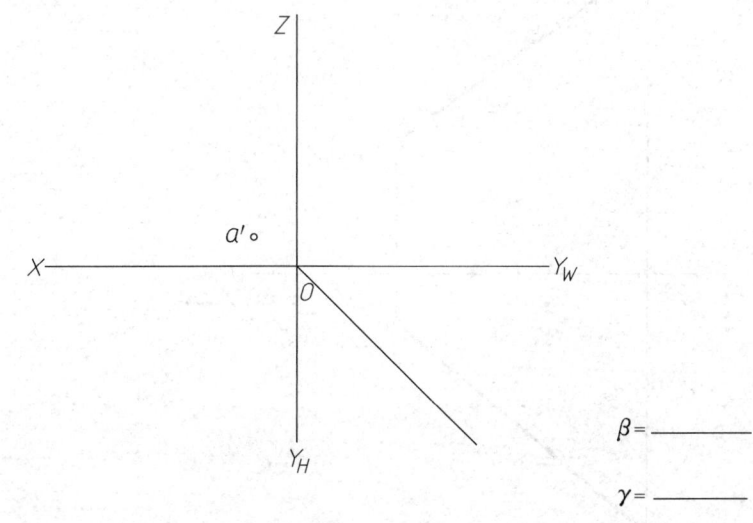

$\beta=$ _____

$\gamma=$ _____

班级　　　　学号　　　　姓名

2-3 直线的投影(续)

9. 作铅垂线 AB 的三面投影,已知 AB 长 25mm,点 B 在 H 面上。

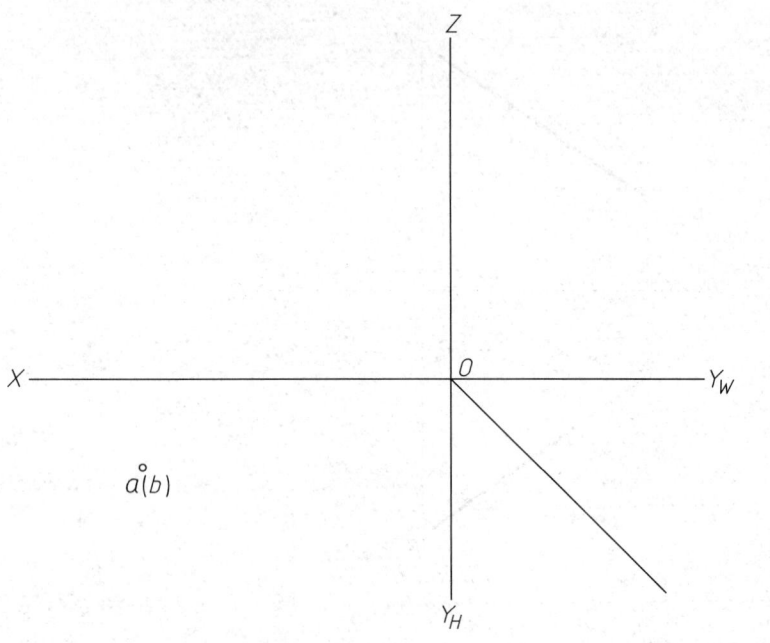

10. 已知点 M 在线段 AB 上,距 V 面 15mm,求作 m 和 m′。

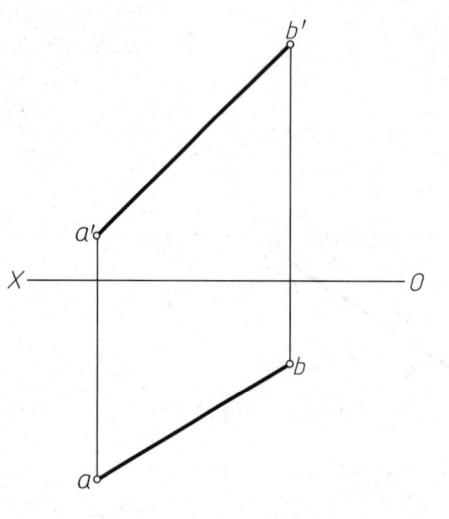

11. 已知点 N 在线段 AB 上,AN∶NB = 3∶1,求作 n 和 n′。

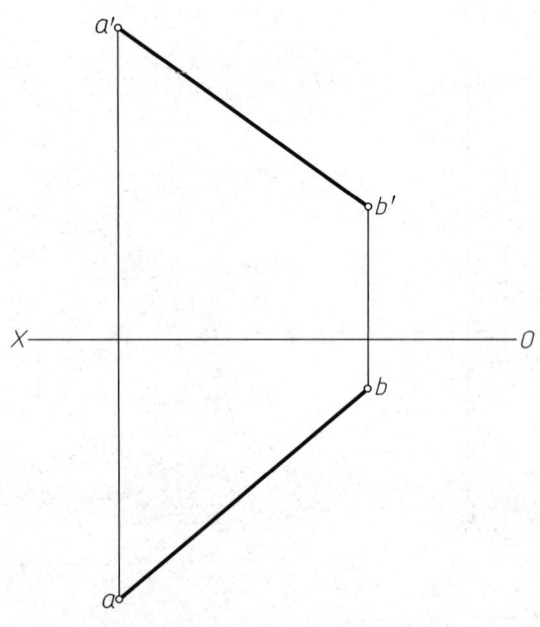

12. 已知水平线 CD 对 V 面的倾角为 30°,且 CD 与线段 AB 交于 K 点,AK 的长度为 30mm,求作 CD 的投影。

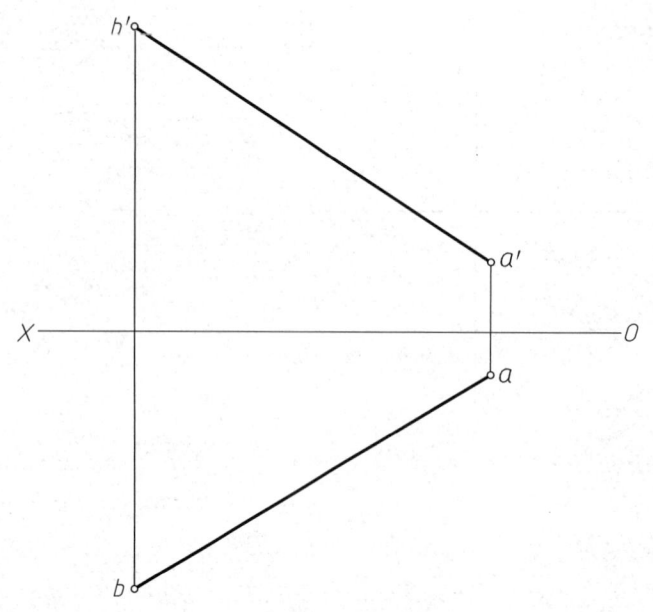

2-3 直线的投影(续)

13. 判断下列两直线在空间的相对位置。

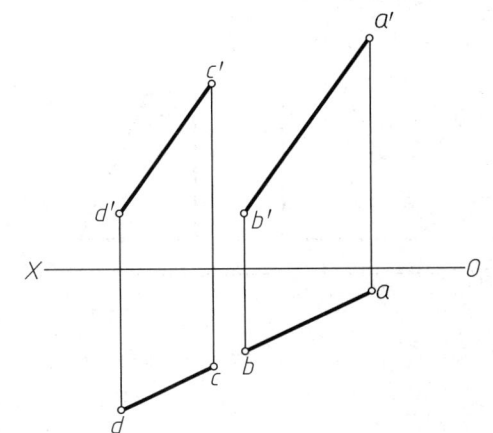 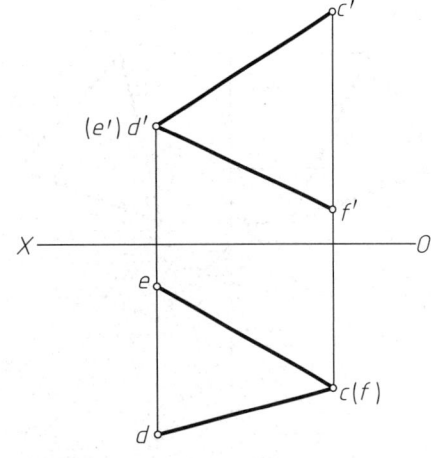 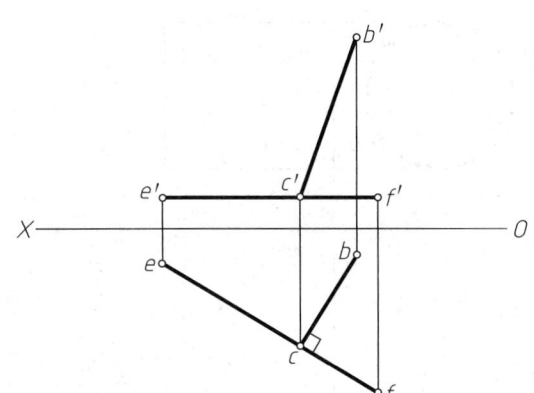 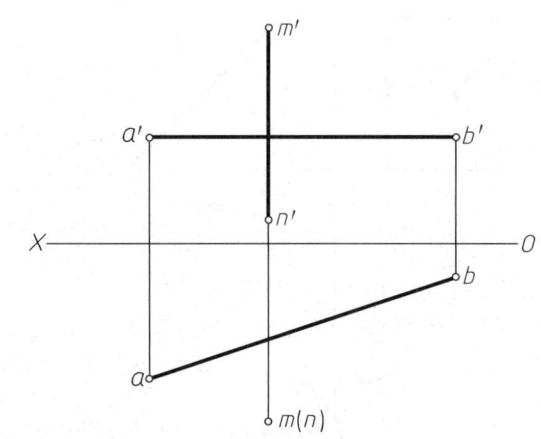

AB、CD 两直线_____。　　CD、EF 两直线_____。　　BC、EF 两直线_____。　　AB、MN 两直线_____。

14. 已知直线 AB 与 CD 垂直相交，求 CD 的水平投影。

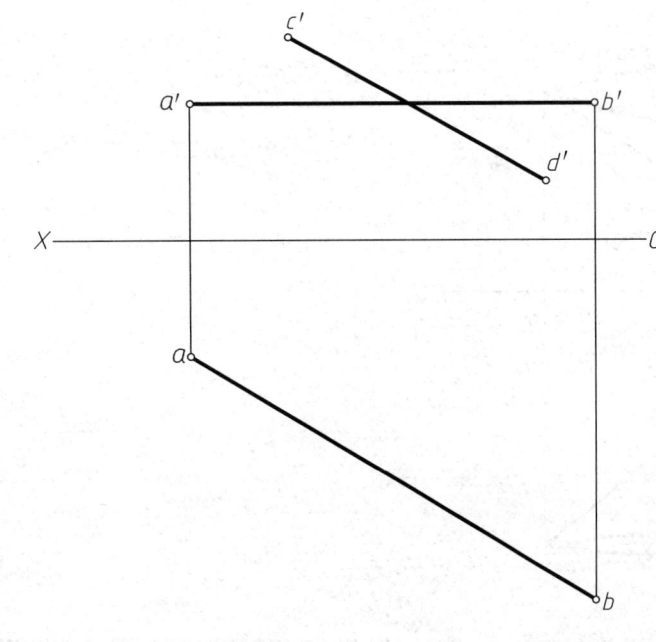

15. 用字母标出重影点的投影。

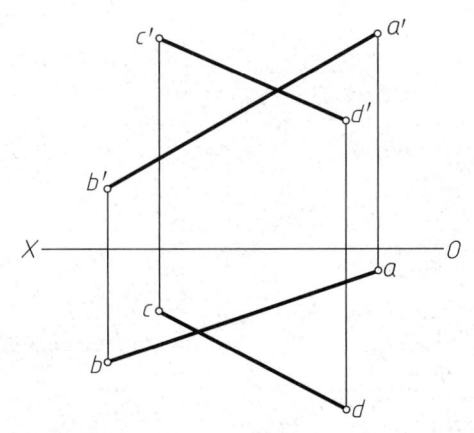 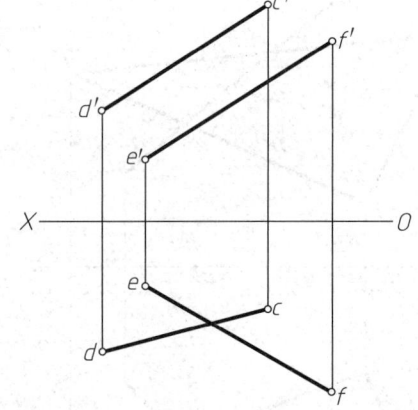

21

2-4 平面的投影

1. 补画平面的第三面投影，并判断其对投影面的相对位置。

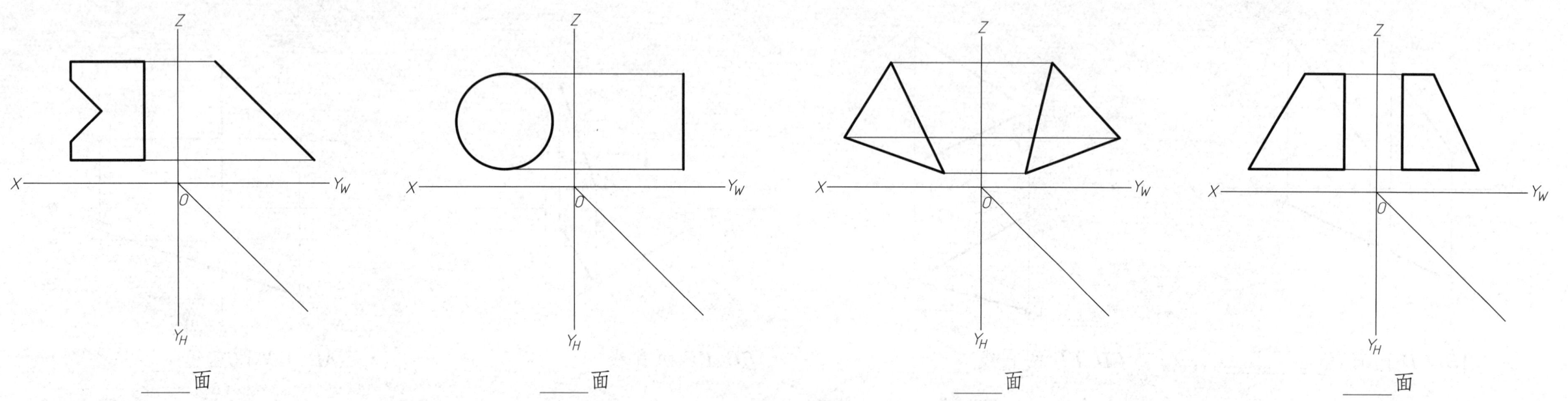

____面　　　____面　　　____面　　　____面

2. 判断直线 MN 是否在 △ABC 平面内。

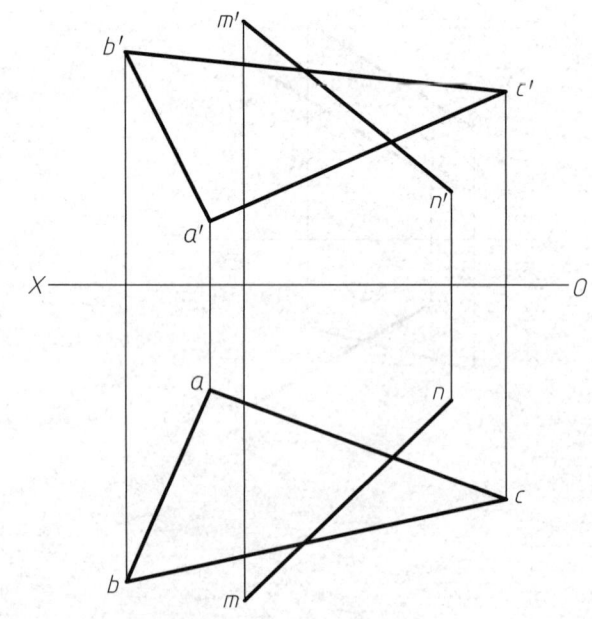

3. 判断直线 CD 是否在 △ABC 平面内。

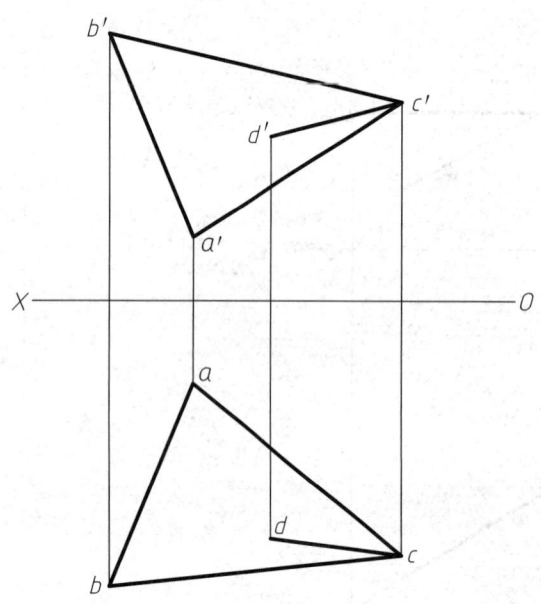

2-4 平面的投影(续)

4. 判断点 D 是否在 △ABC 平面内。

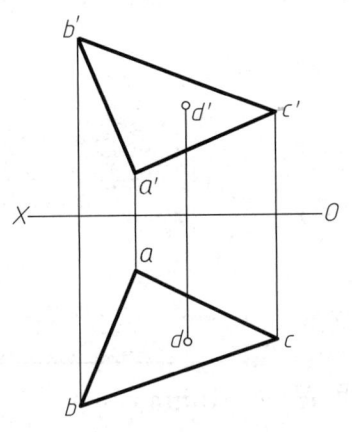

_____

5. 对照轴测图,在三视图中标注出平面 P、Q、R、S 的三面投影,并判断其对投影面的相对位置。

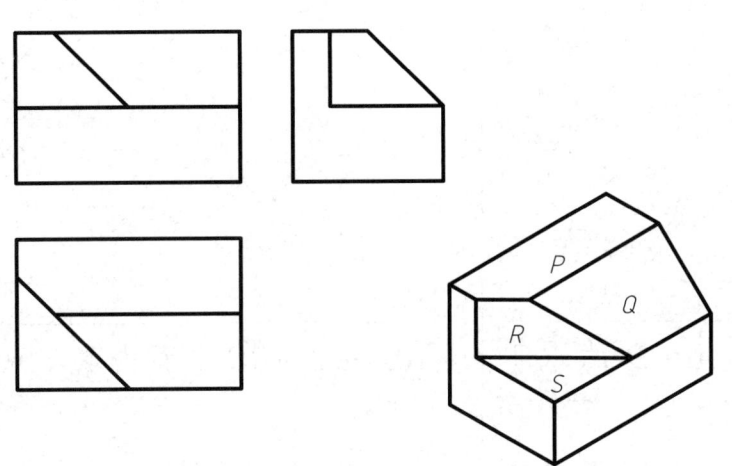

平面 P 是____面,平面 Q 是____面,
平面 R 是____面,平面 S 是____面。

6. 对照轴测图,在三视图中标注出平面 P、Q、R、S 的三面投影,并判断其对投影面的相对位置。

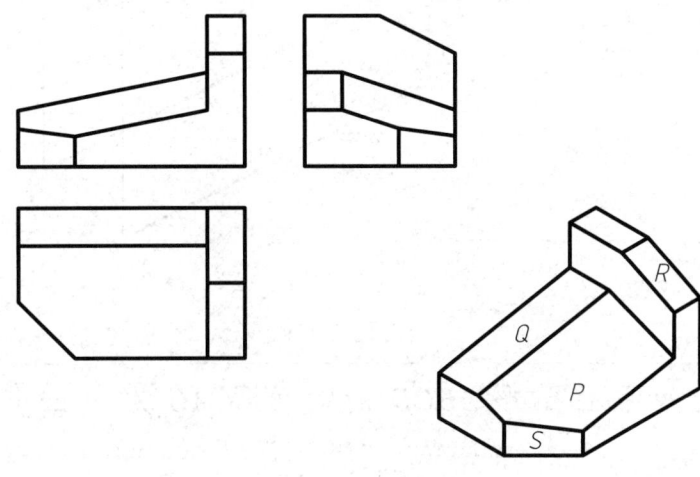

平面 P 是____面,平面 Q 是____面,
平面 R 是____面,平面 S 是____面。

2-4 平面的投影(续)

7. 已知平面上点 K 的一个投影,求作其另一个投影。

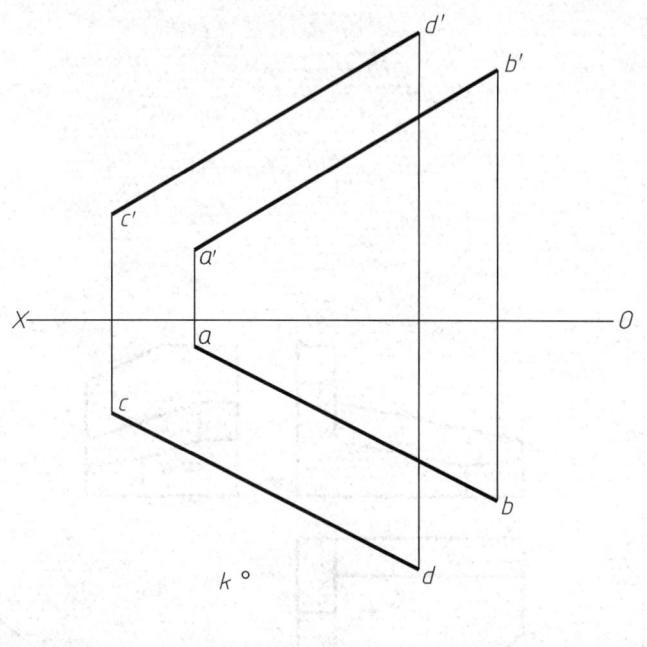

8. 已知点 K 在 △ABC 上,求作 △ABC 的水平投影。

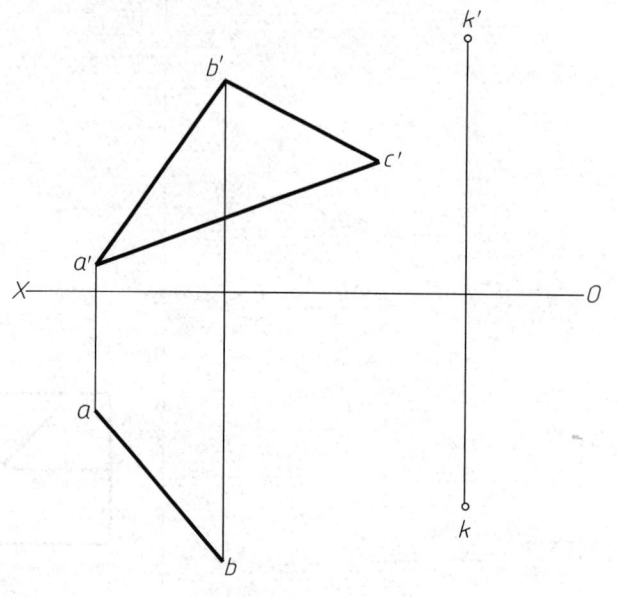

9. 已知平面图形 ABCD 的对角线 AC 为一正平线,求作 ABCD 的水平投影。

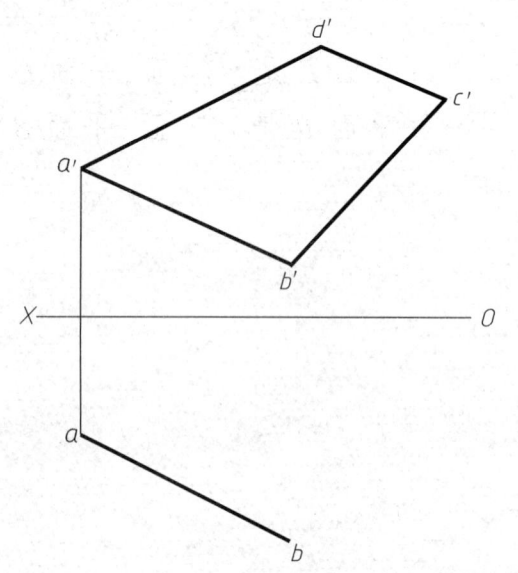

10. 在 △ABC 平面内取一点 K,使其距 V 面 25mm,距 H 面 20mm。

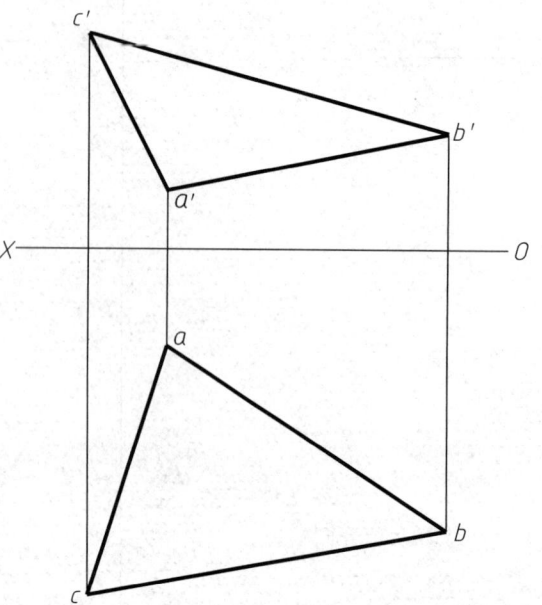

2-5 直线与平面的相对位置（一）　直线与平面相交

1. 求作直线与平面的交点，并将可见部分改画成实线。

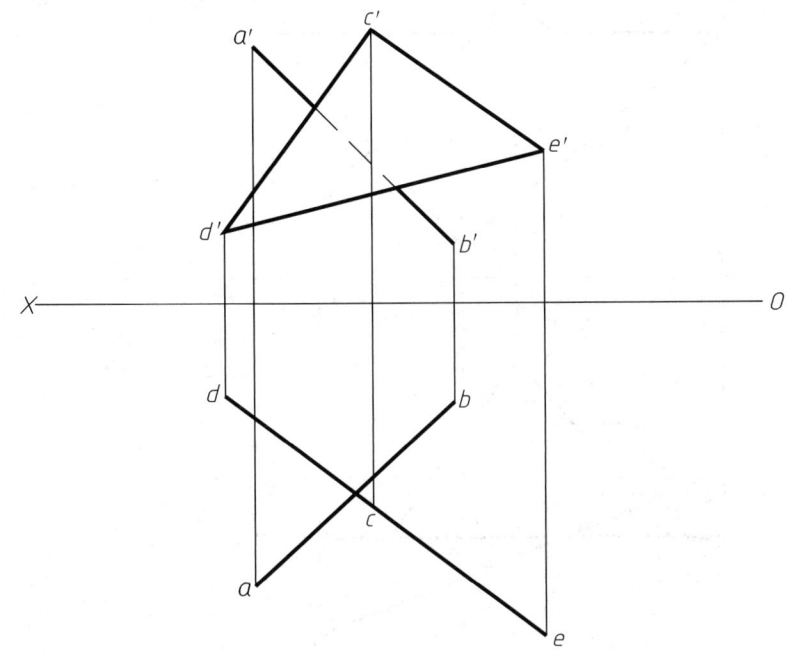

2. 求作直线与平面的交点，并将可见部分改画成实线。

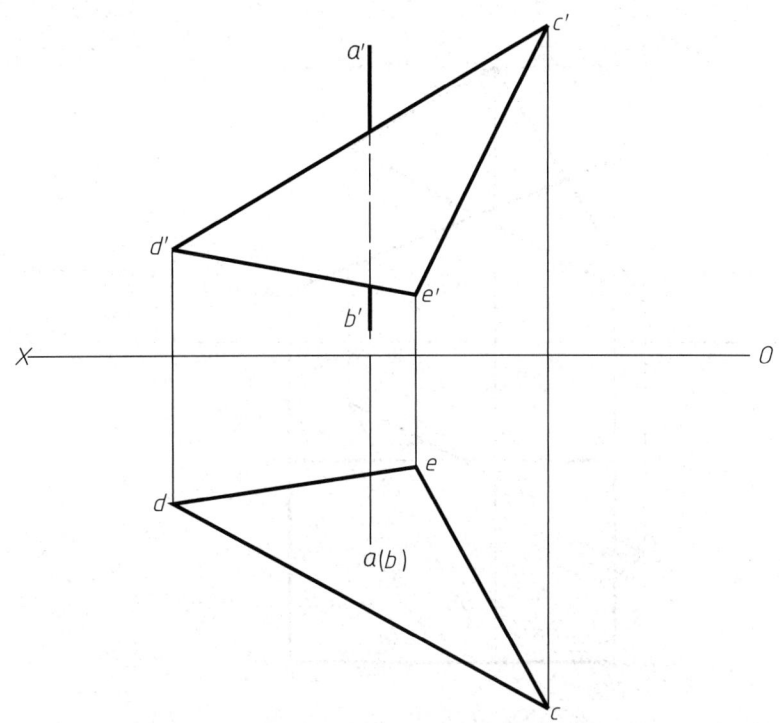

3. 求作直线与平面的交点，并将可见部分改画成实线。

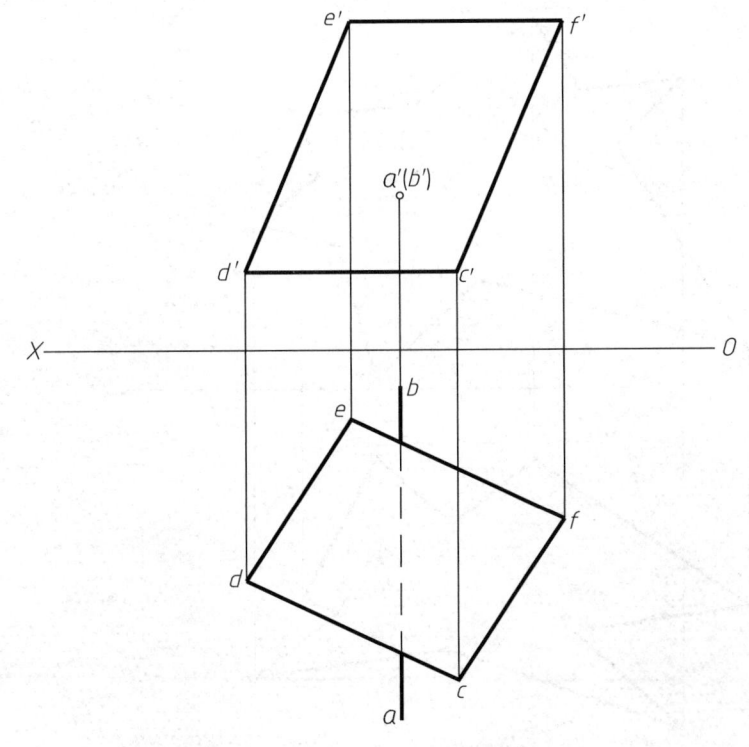

4. 求作直线与平面的交点，并将可见部分改画成实线。

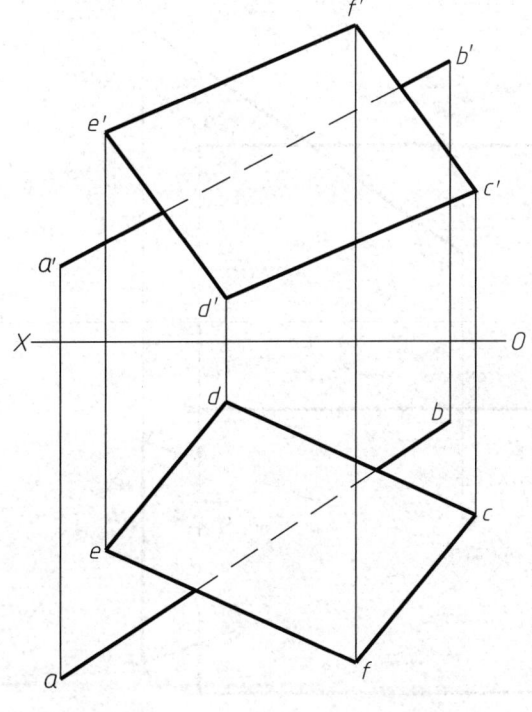

2-5 直线与平面的相对位置（二） 两平面相交

1. 求平面与平面的交线，并将可见部分改画成实线。

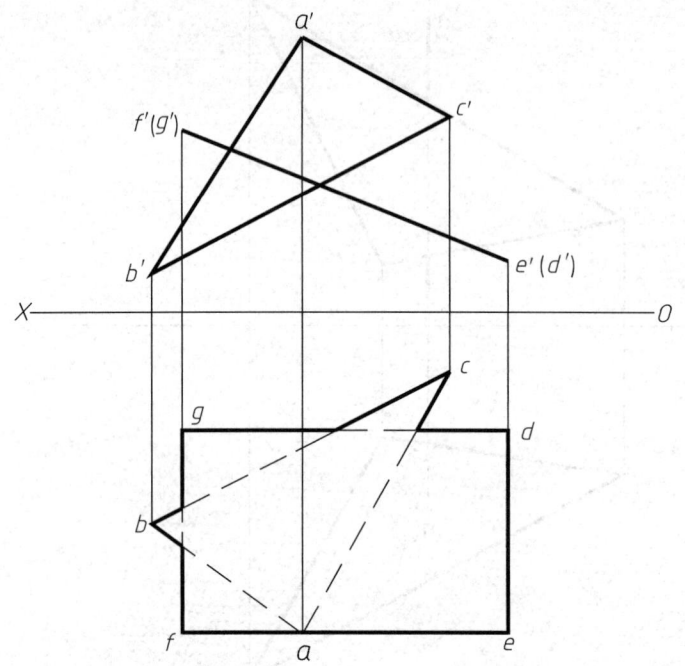

2. 求平面与平面的交线，并将可见部分改画成实线。

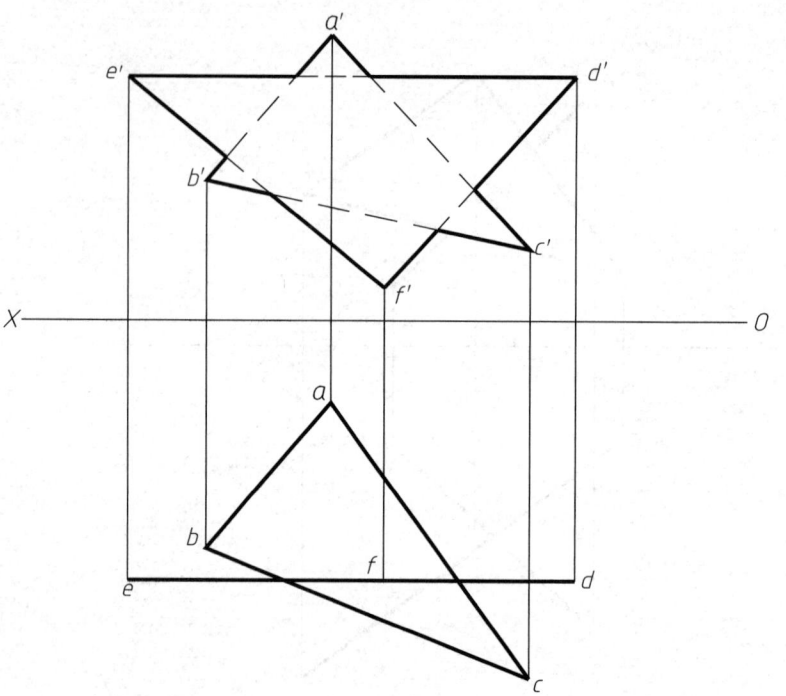

3. 求平面与平面的交线，并将可见部分改画成实线。

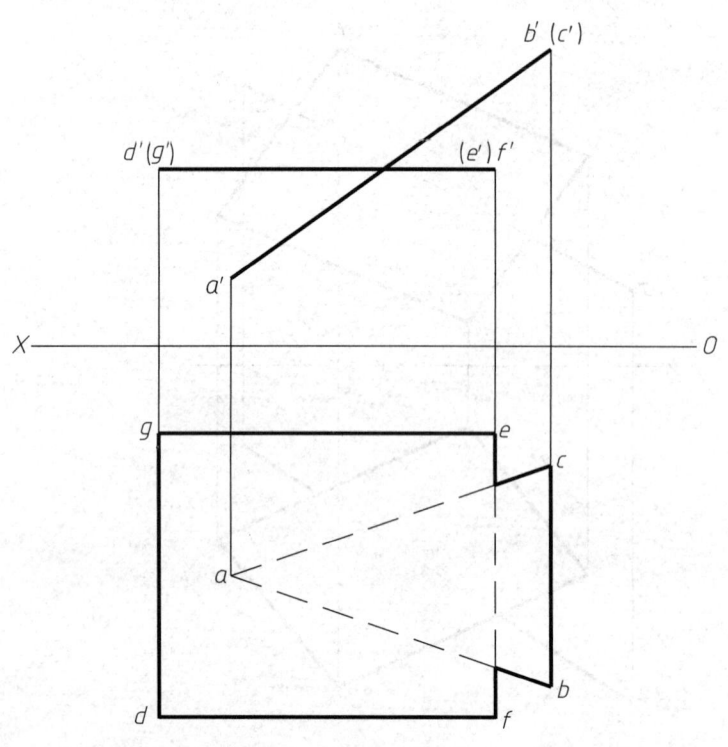

4. 求平面与平面的交线，并将可见部分改画成实线。

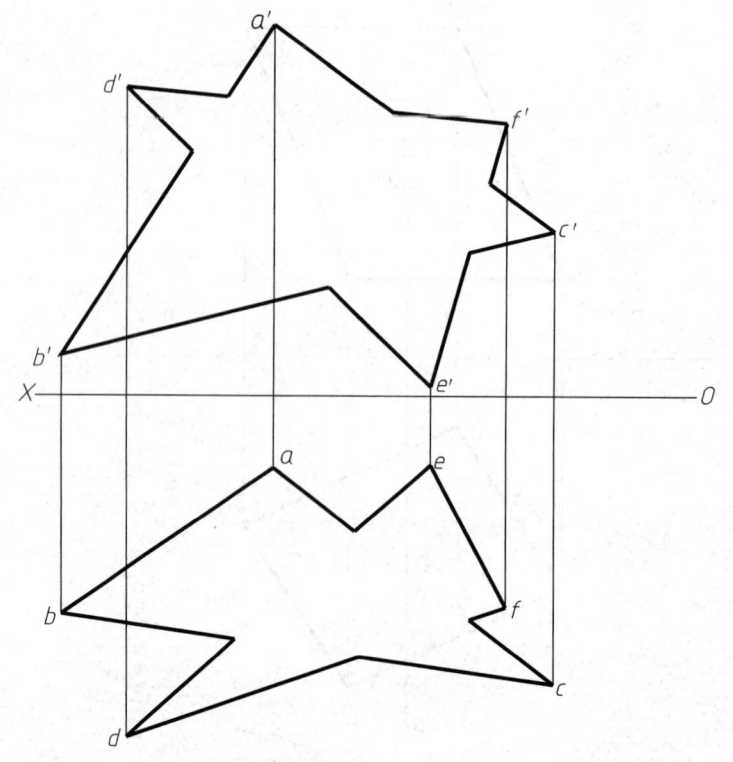

2-6 投影变换(换面法)

1. 用换面法求线段 AB 的实长及倾角 α。

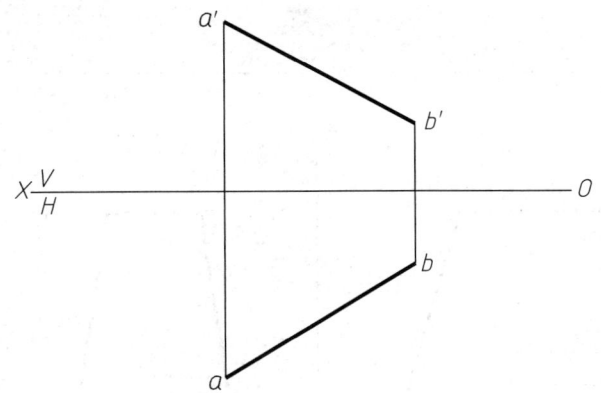

2. 已知线段 AB 在正面上的投影 a'b' 和 H_1 面上的投影 a_1b_1(实长),试求线段 AB 在 H 面上的投影 ab。

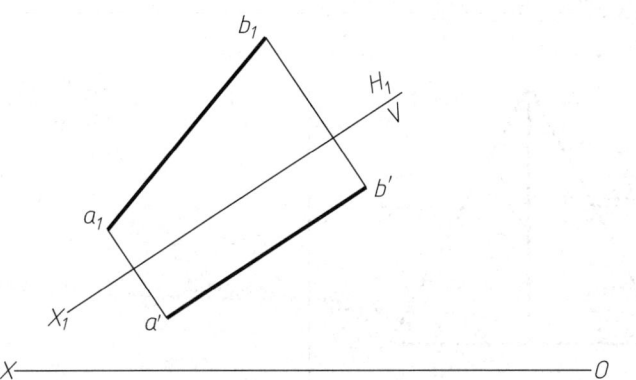

3. 用换面法求六边形的实形。

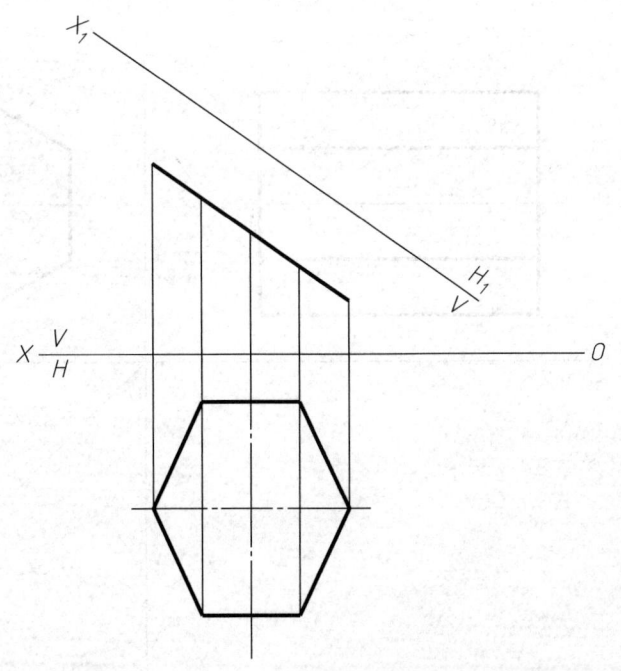

4. 用二次换面法求四边形 ABCD 的实形和倾角 β。

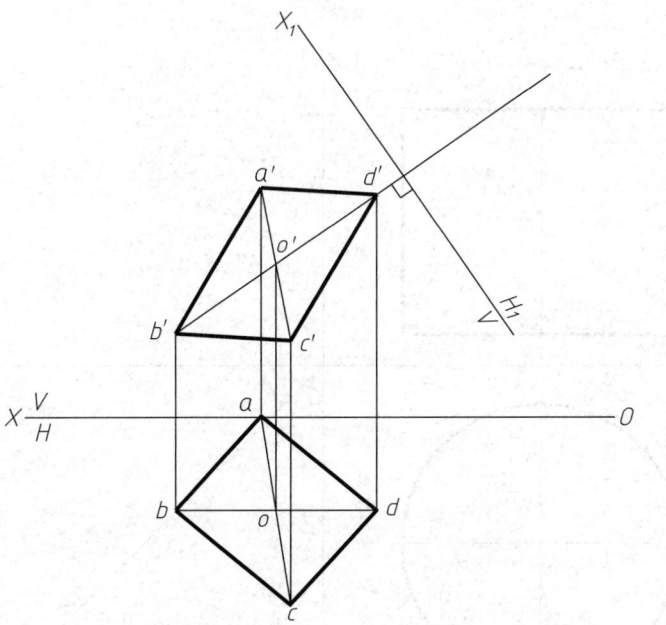

项目3 立体投影的学习与应用

3-1 基本体的投影及其表面取点

补全三视图,并求点的三面投影。

1.

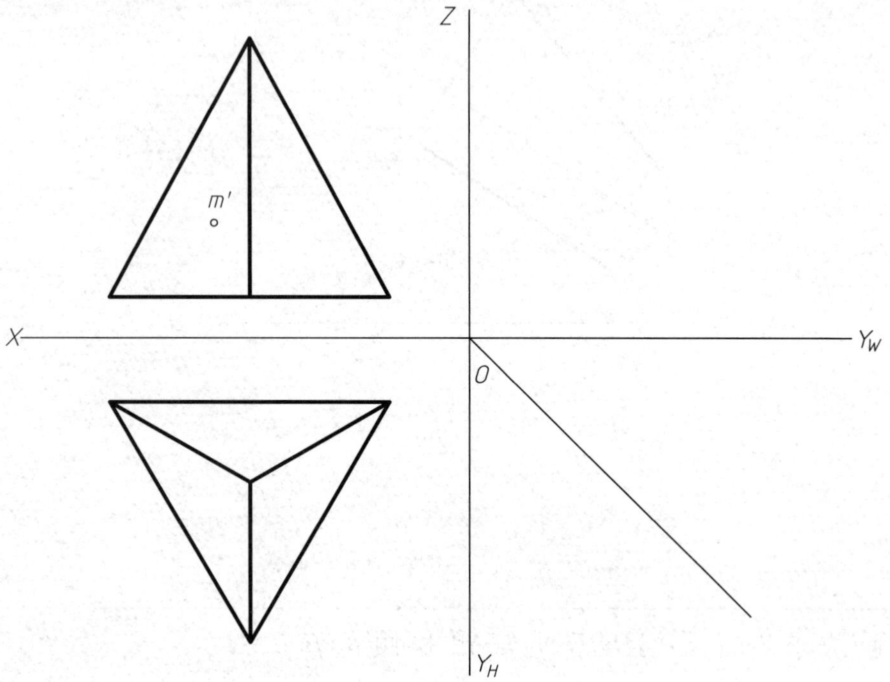

2.

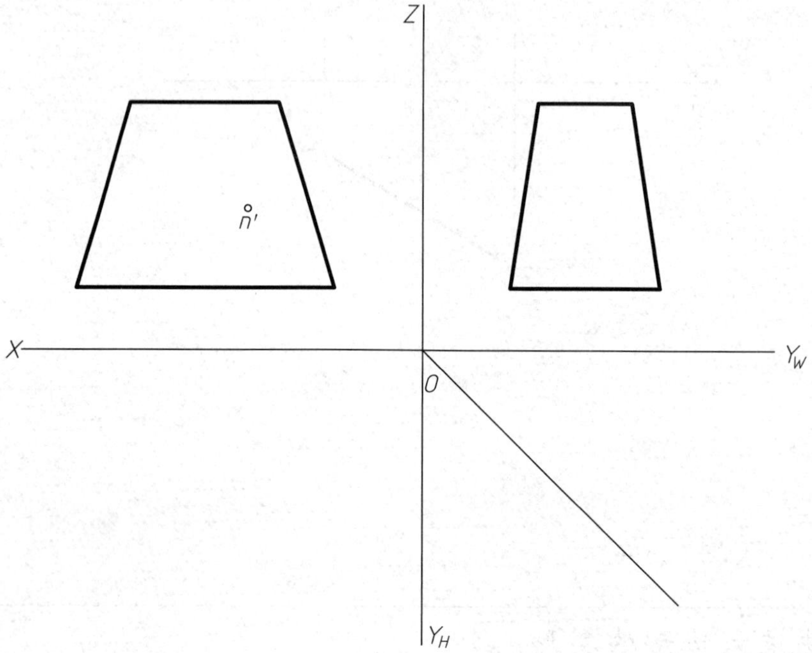

3.

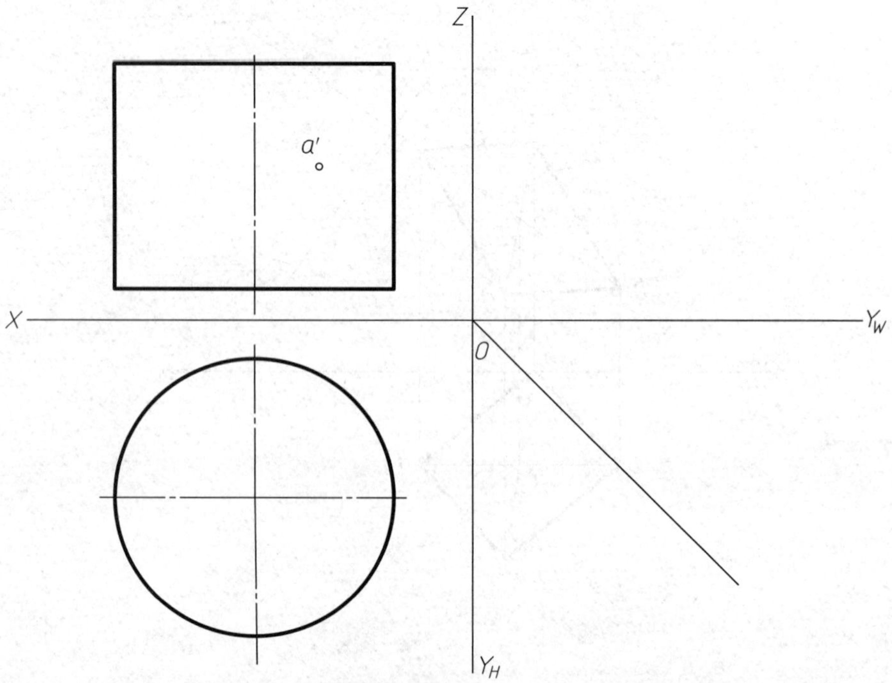

4.

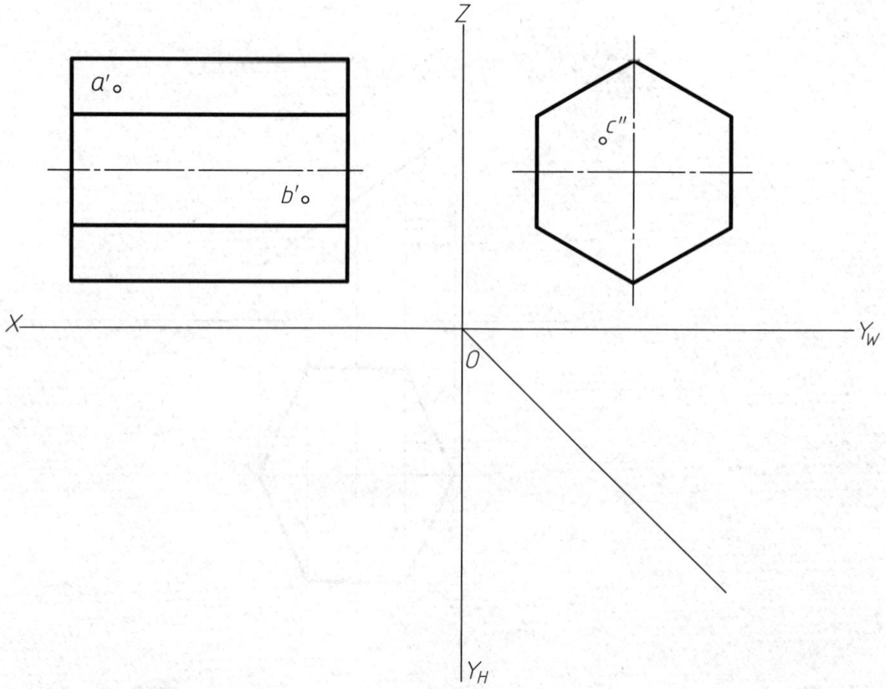

28　　　　　　　　　　　　　　　　　　　　　　班级　　　学号　　　姓名

3-1 基本体的投影及其表面取点（续）

补全三视图，并求点的三面投影。

5.
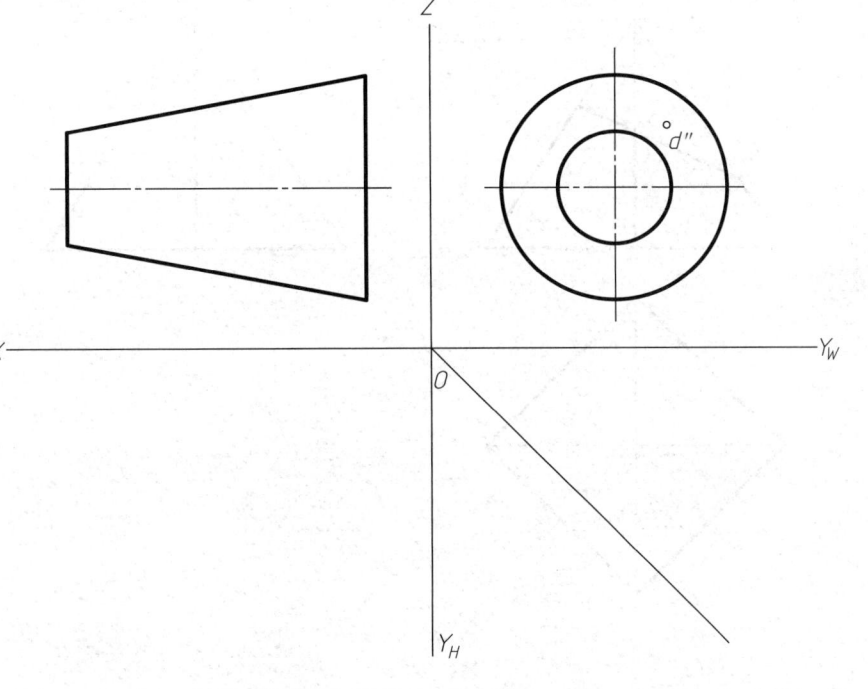

6.
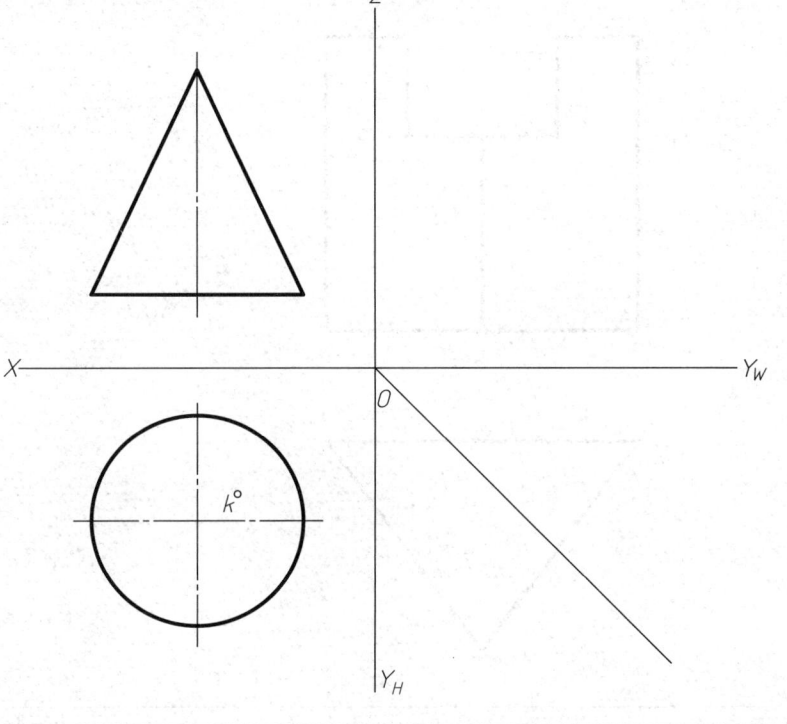

7.
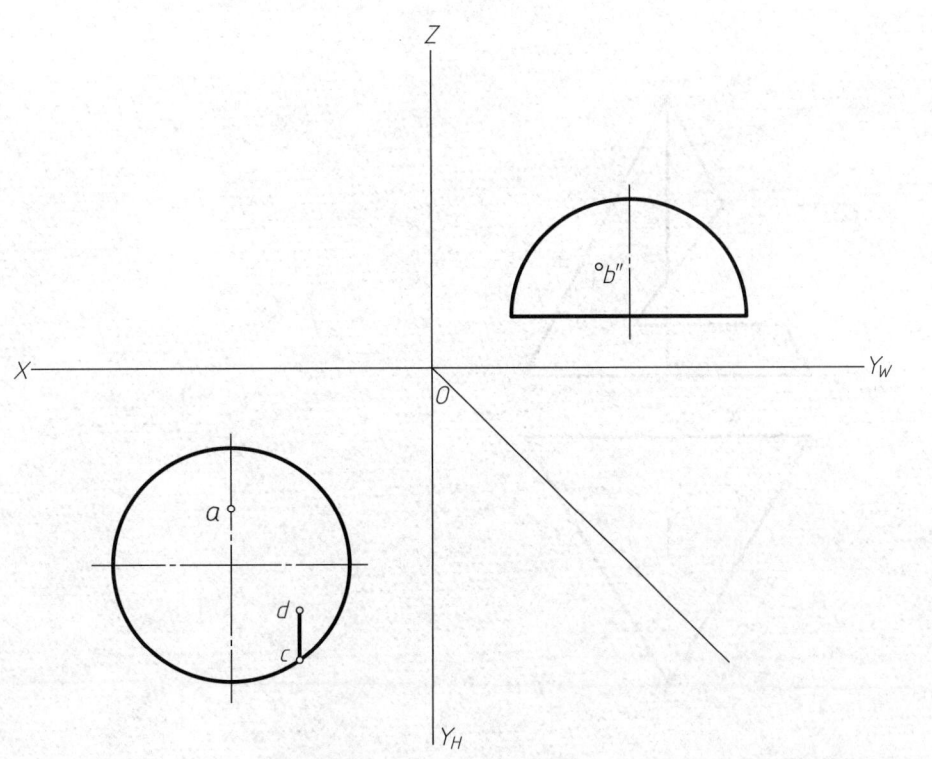

8.
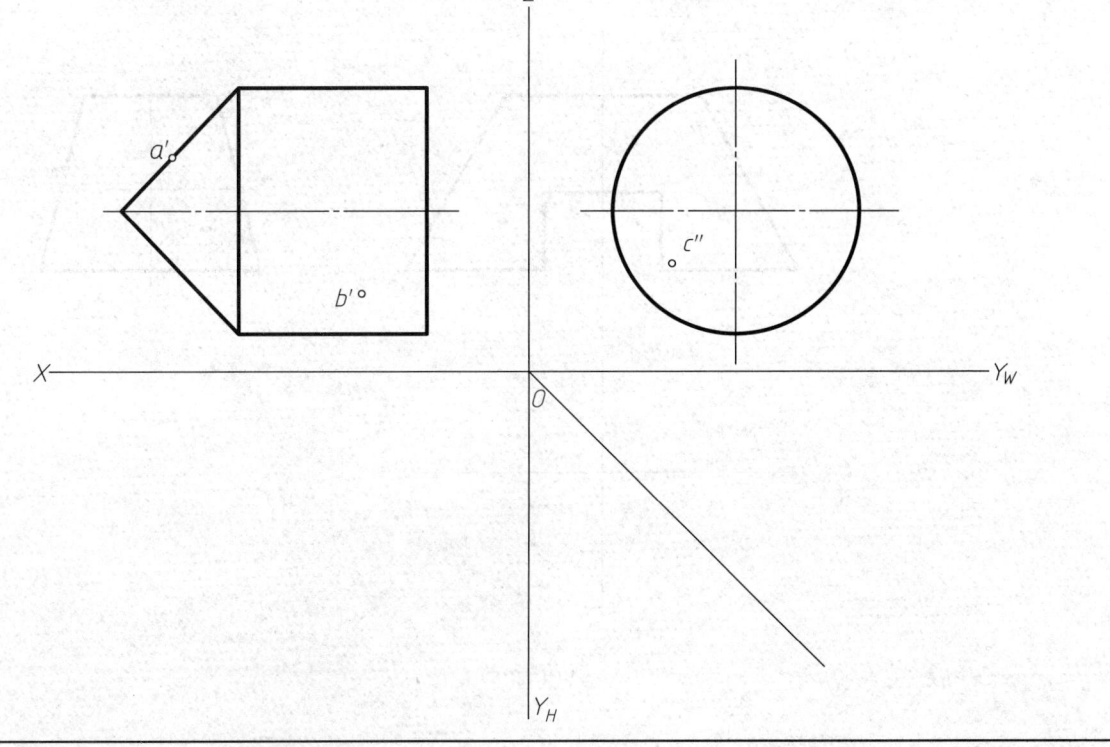

3-2 平面与立体的表面交线(一) 平面与平面体相交

已知平面截切平面体,求作截切后立体的三面投影。

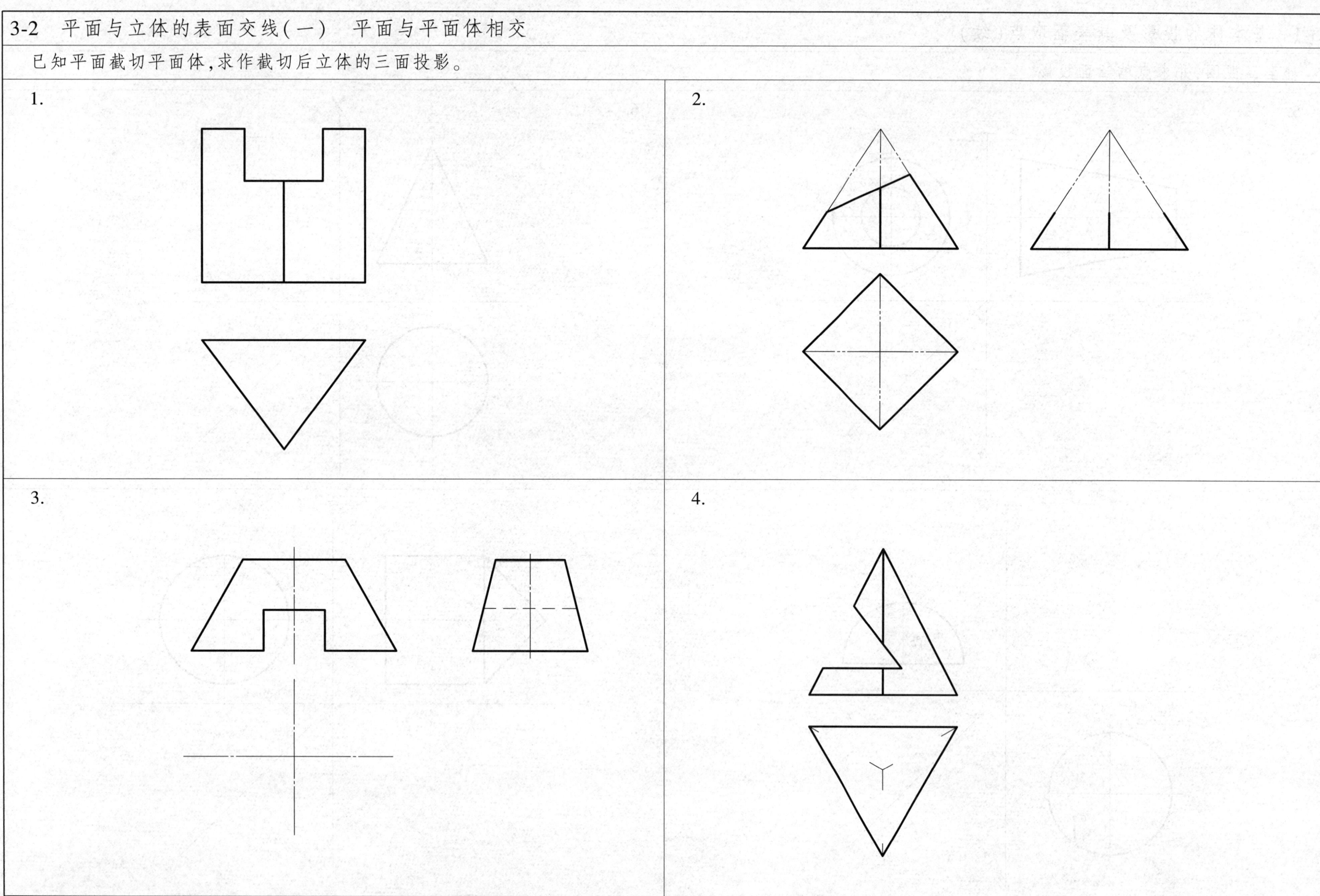

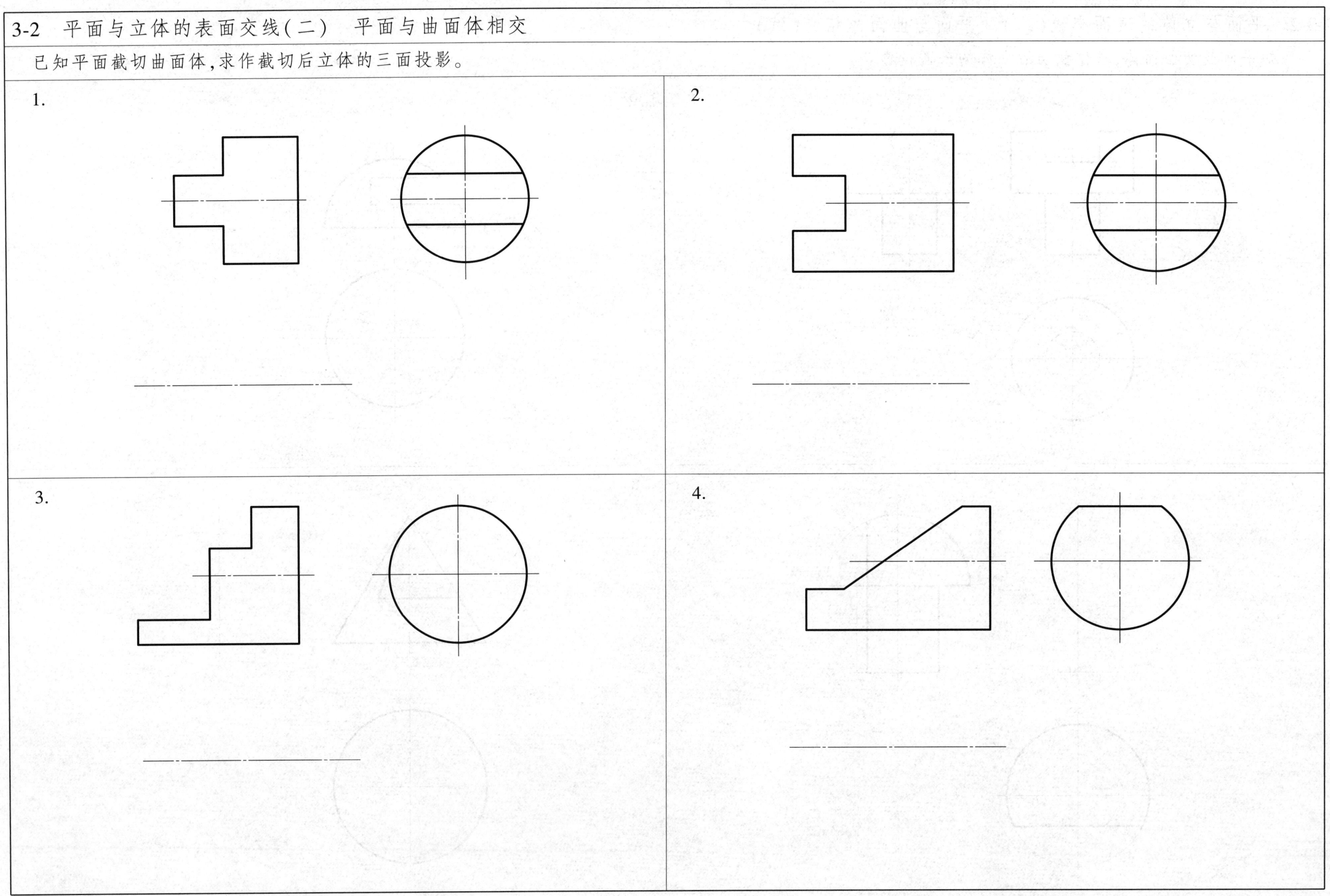

3-2 平面与立体的表面交线（二） 平面与曲面体相交（续）

已知平面截切曲面体，求作截切后立体的三面投影。

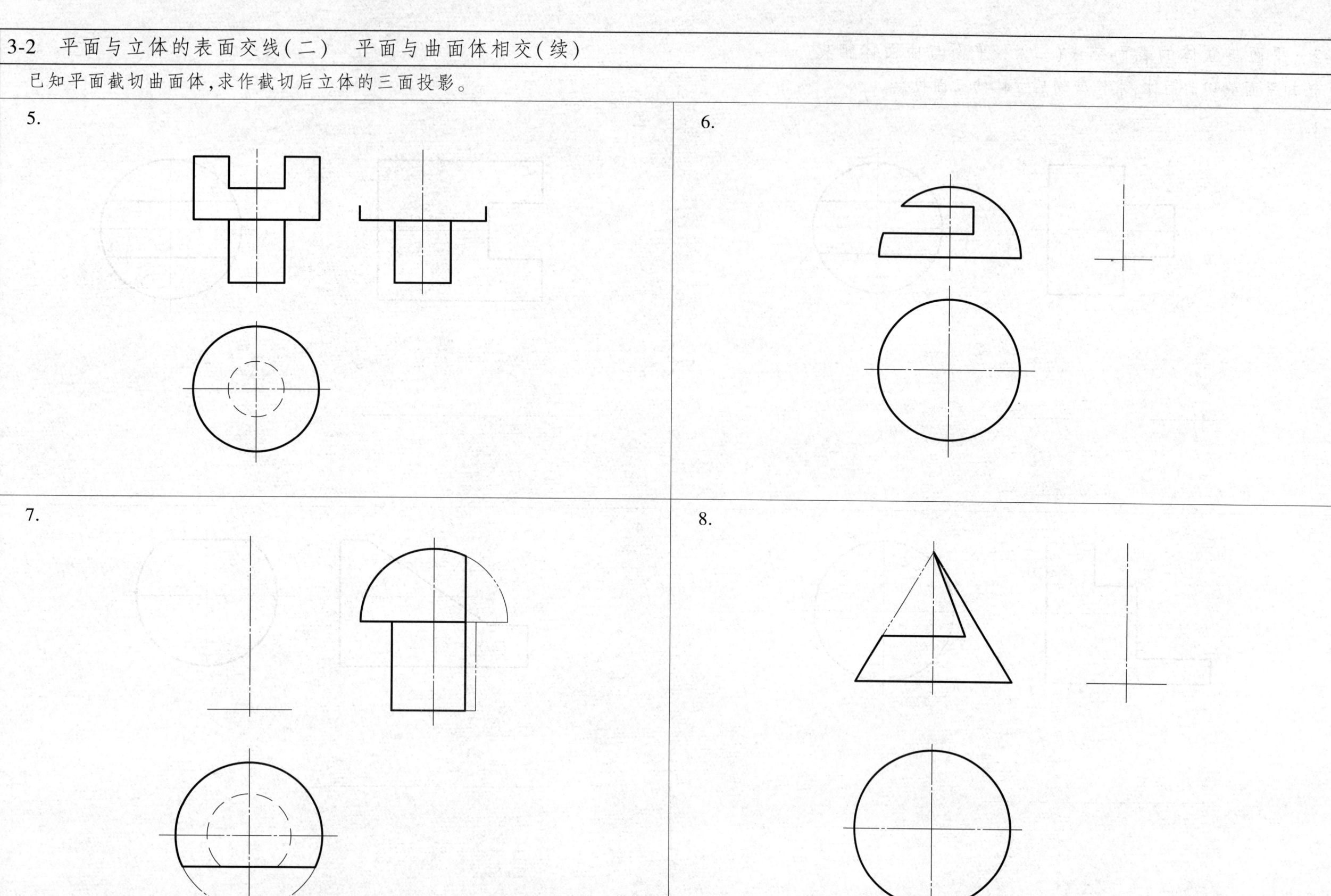

3-2 平面与立体的表面交线（二） 平面与曲面体相交（续）

已知平面截切曲面体，求作截切后立体的三面投影。

9.

10.

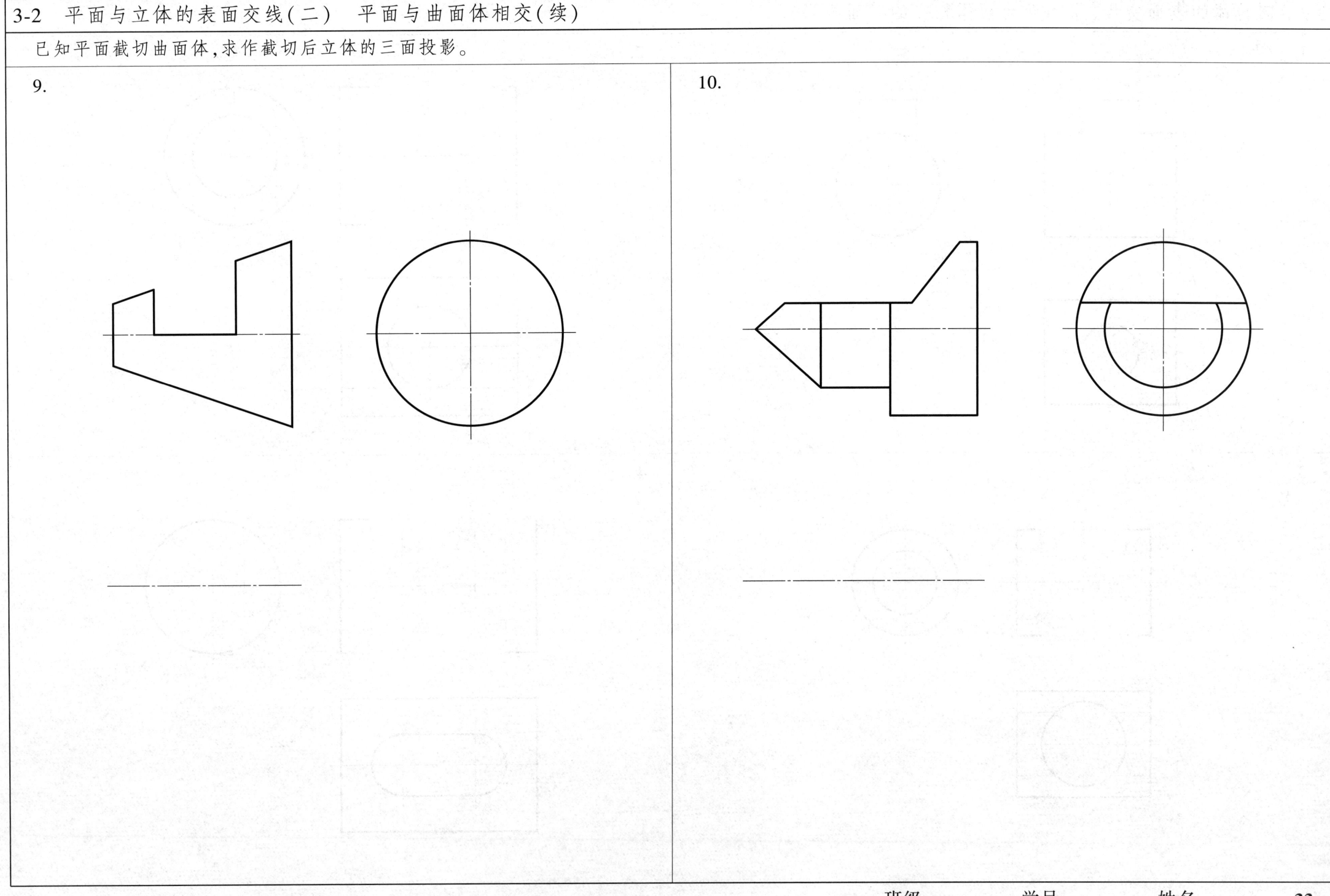

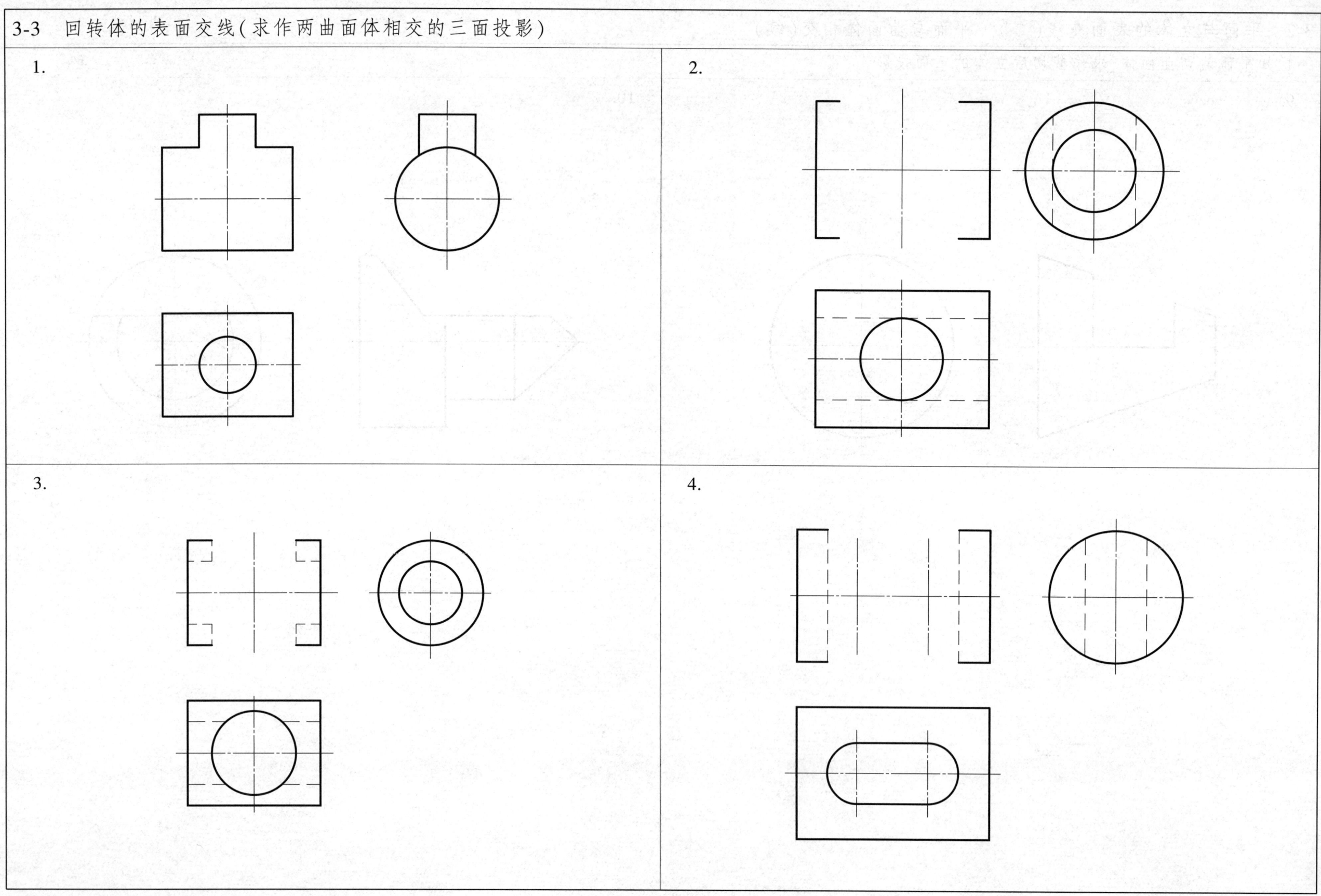

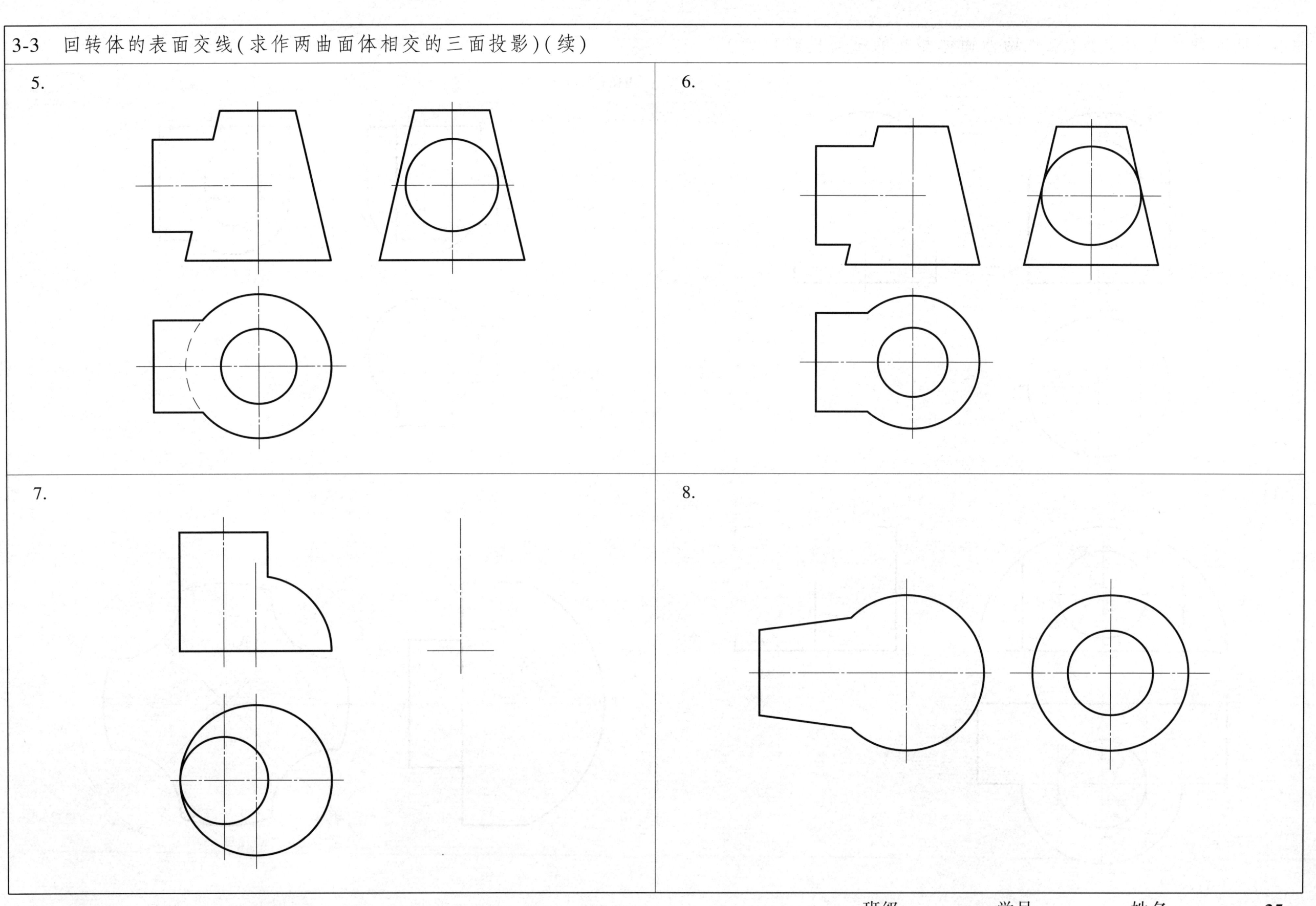

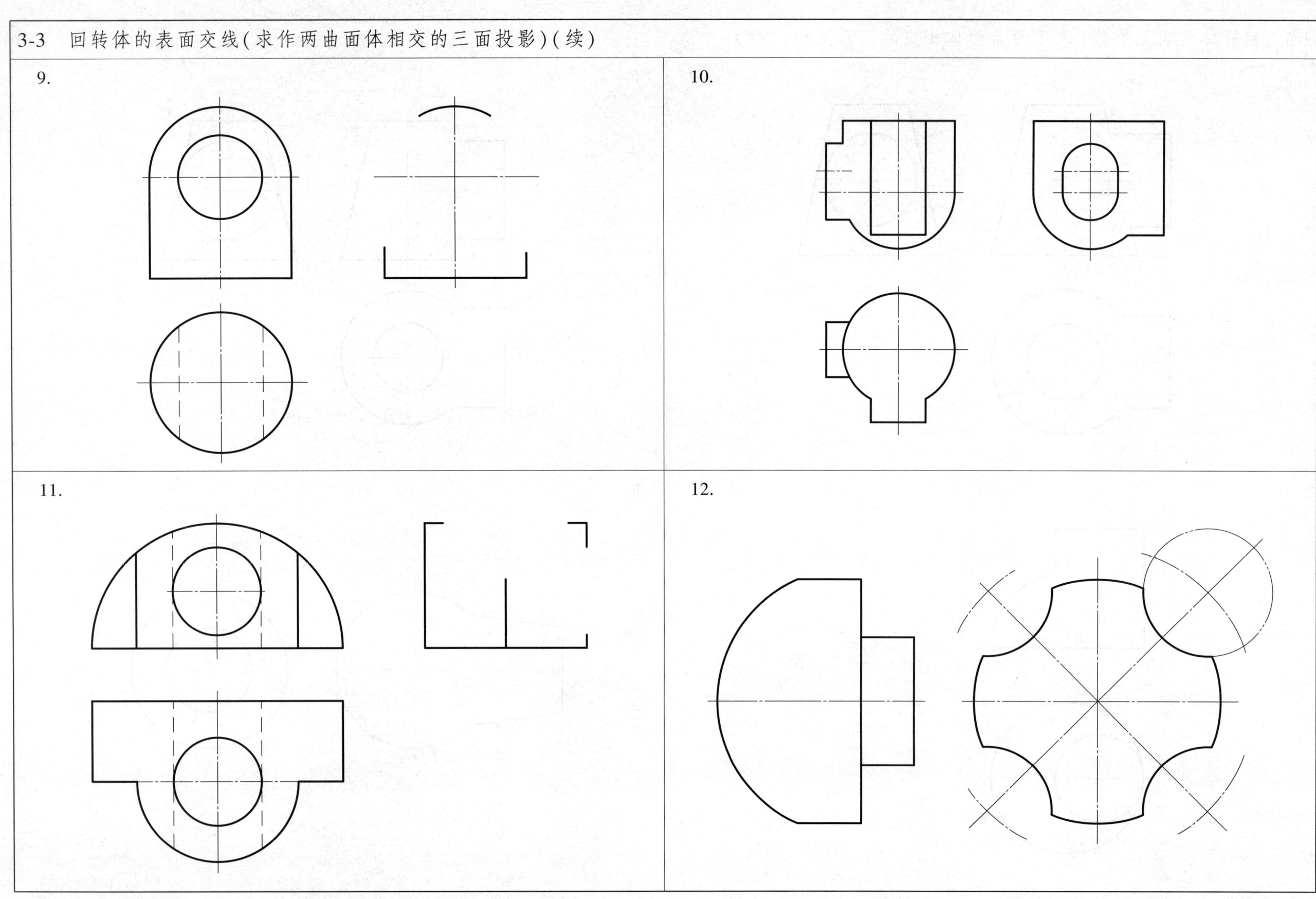

项目4 组合体知识的学习与应用

4-1 组合体的三视图（一） 根据轴测图画三视图（尺寸由图中按1∶1的比例量取并取整数）

1.

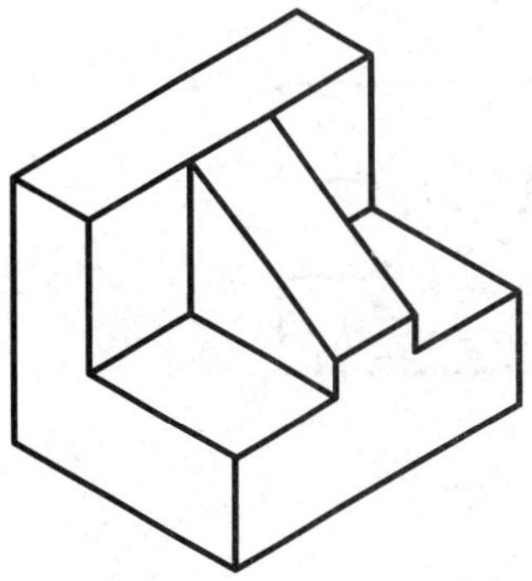

2.

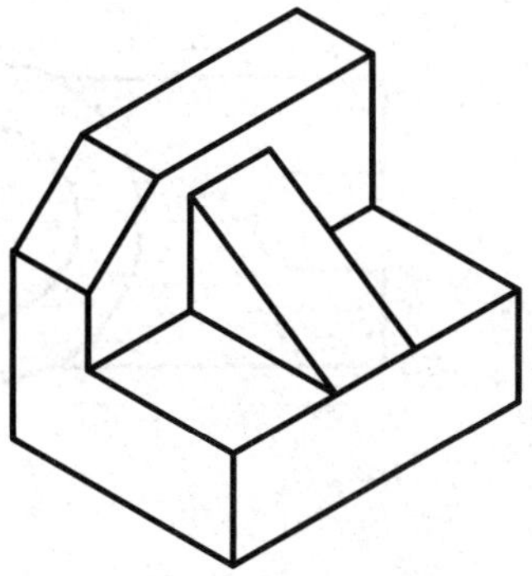

3.

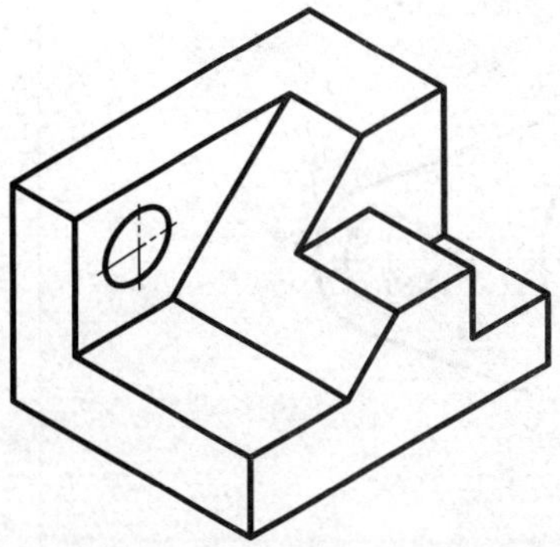

4.

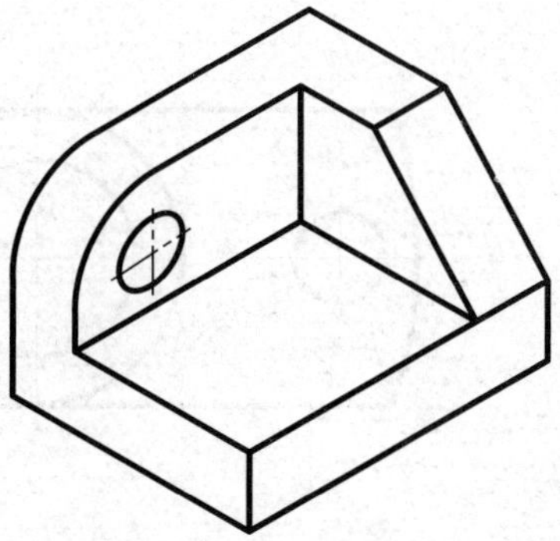

班级　　　　学号　　　　姓名

4-1 组合体的三视图(二) 补画缺线

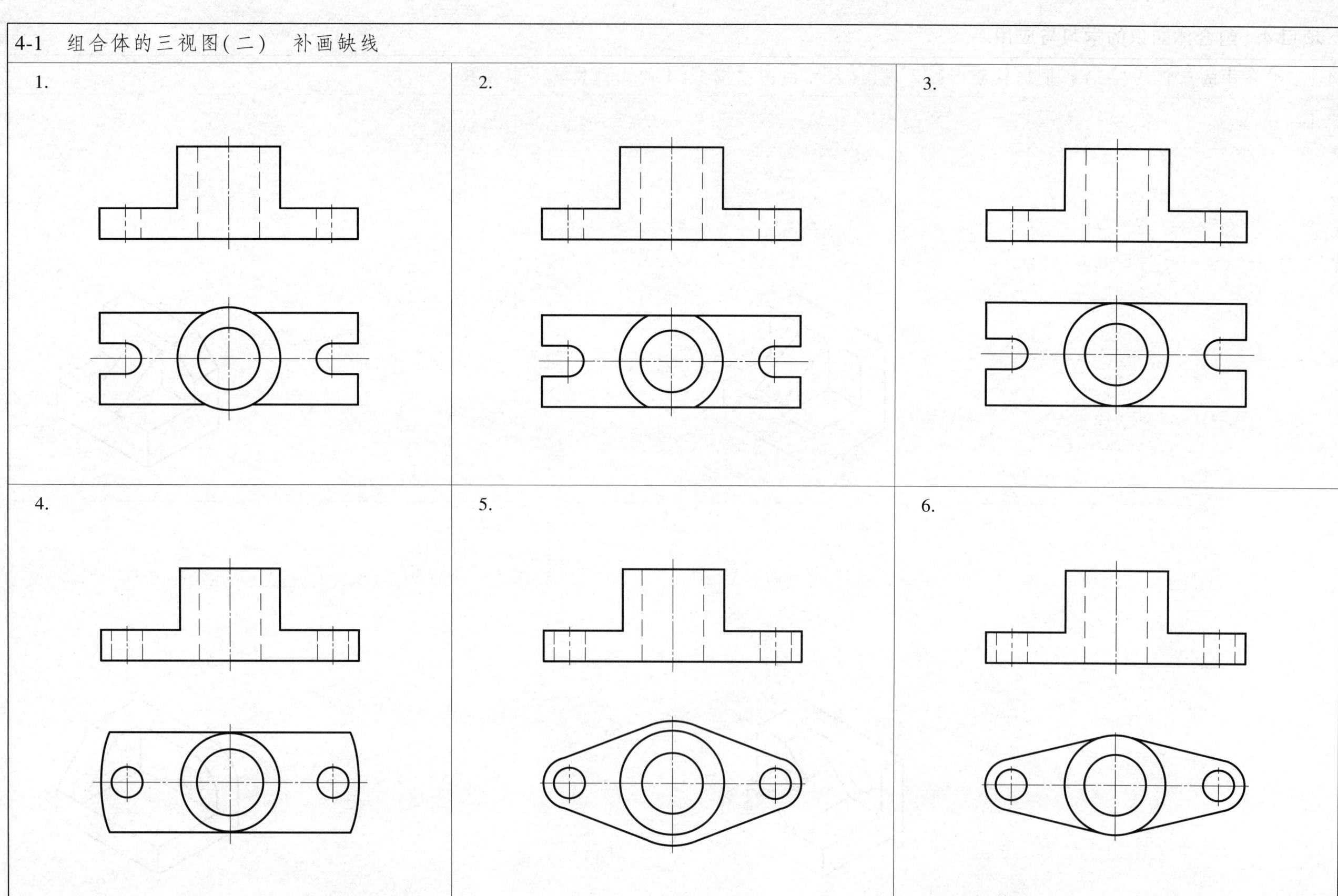

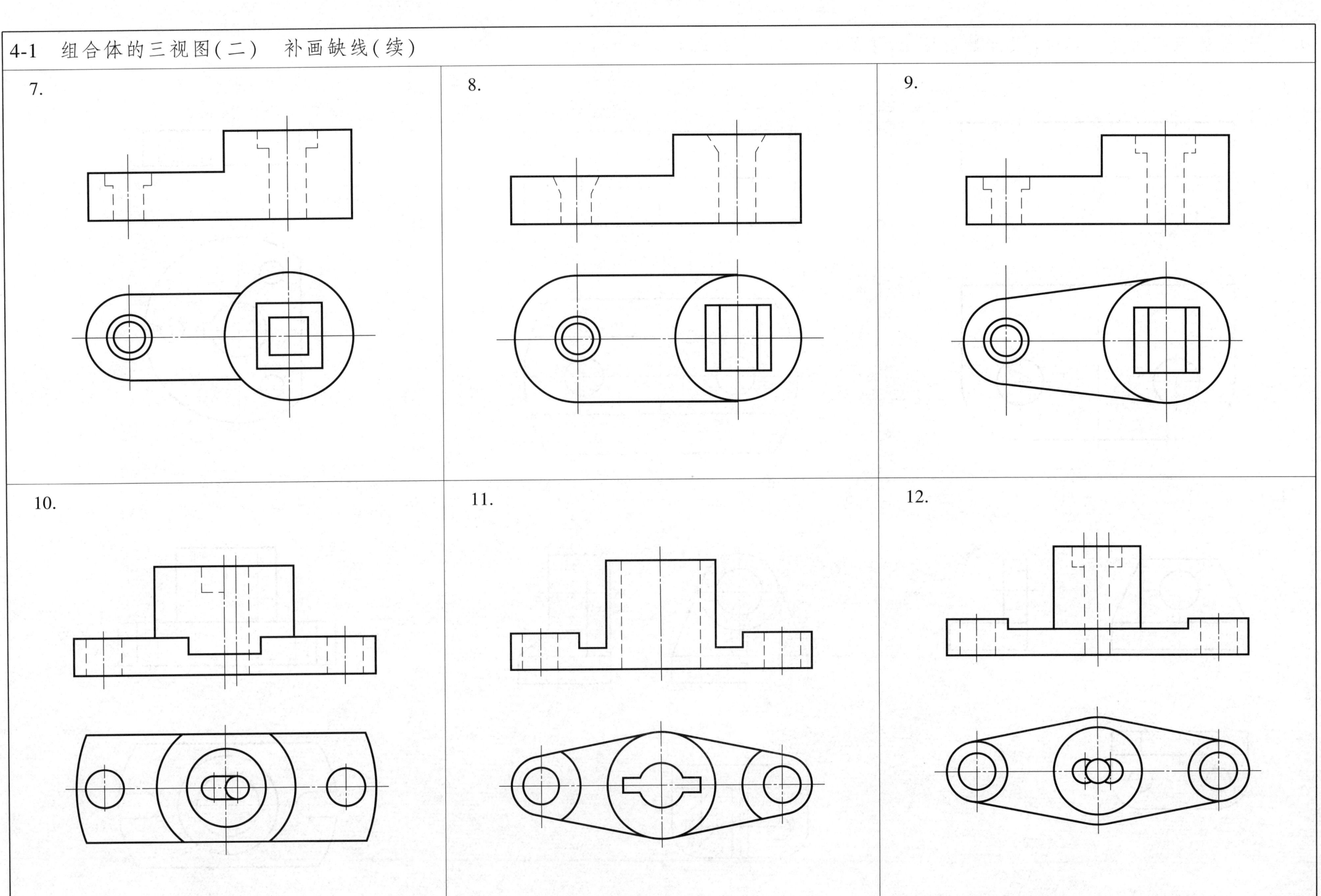

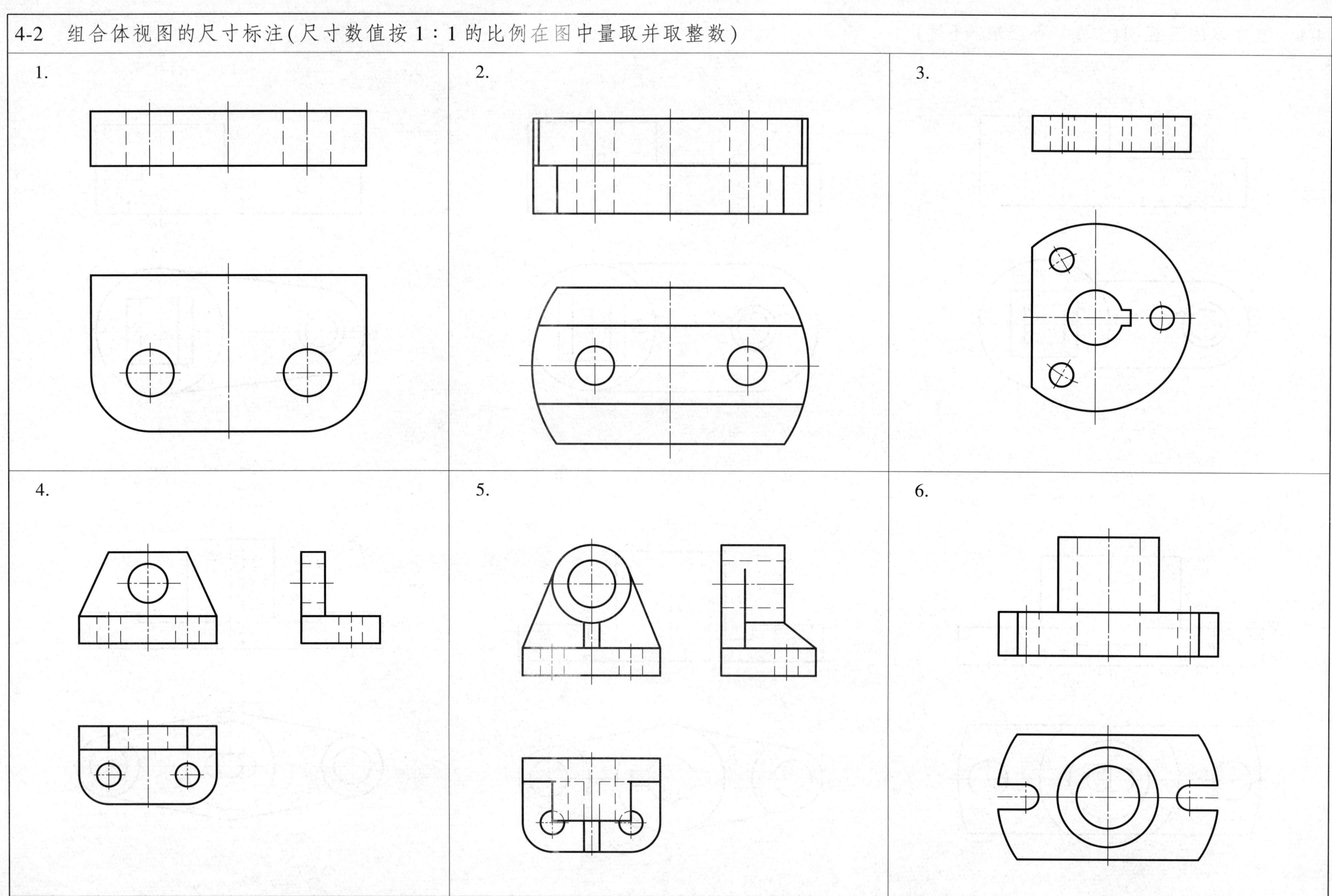

4-2 组合体视图的尺寸标注(尺寸数值按1∶1的比例在图中量取并取整数)(续)

7.

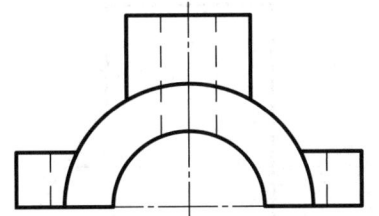 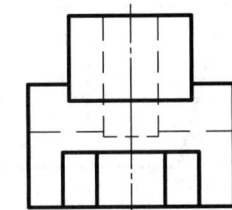

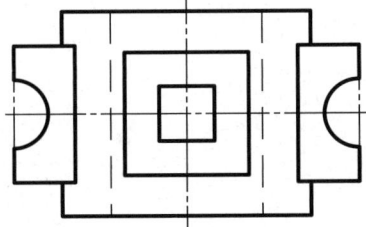

8.

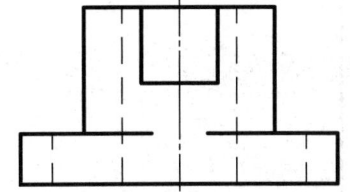 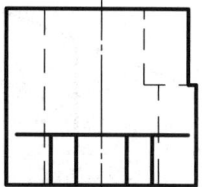

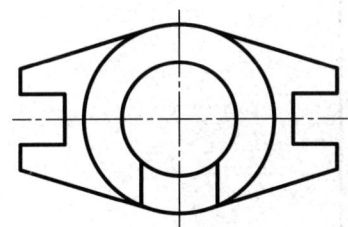

9.

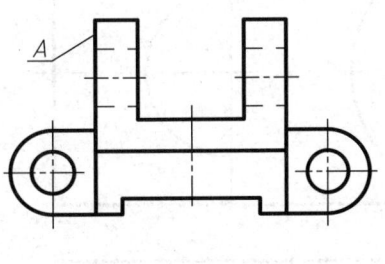 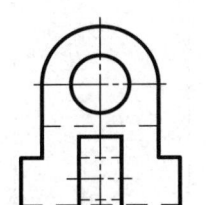

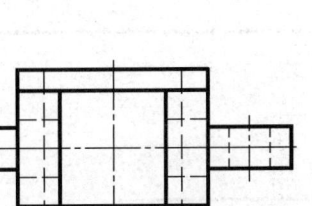

问题：

(1) 将 A 面的三个投影着红色。

(2) 将 B 面的三个投影着蓝色。

(3) 高度方向的尺寸基准是_____。

长度方向的尺寸基准是_____。

宽度方向的尺寸基准是_____。

班级　　　学号　　　姓名　　　41

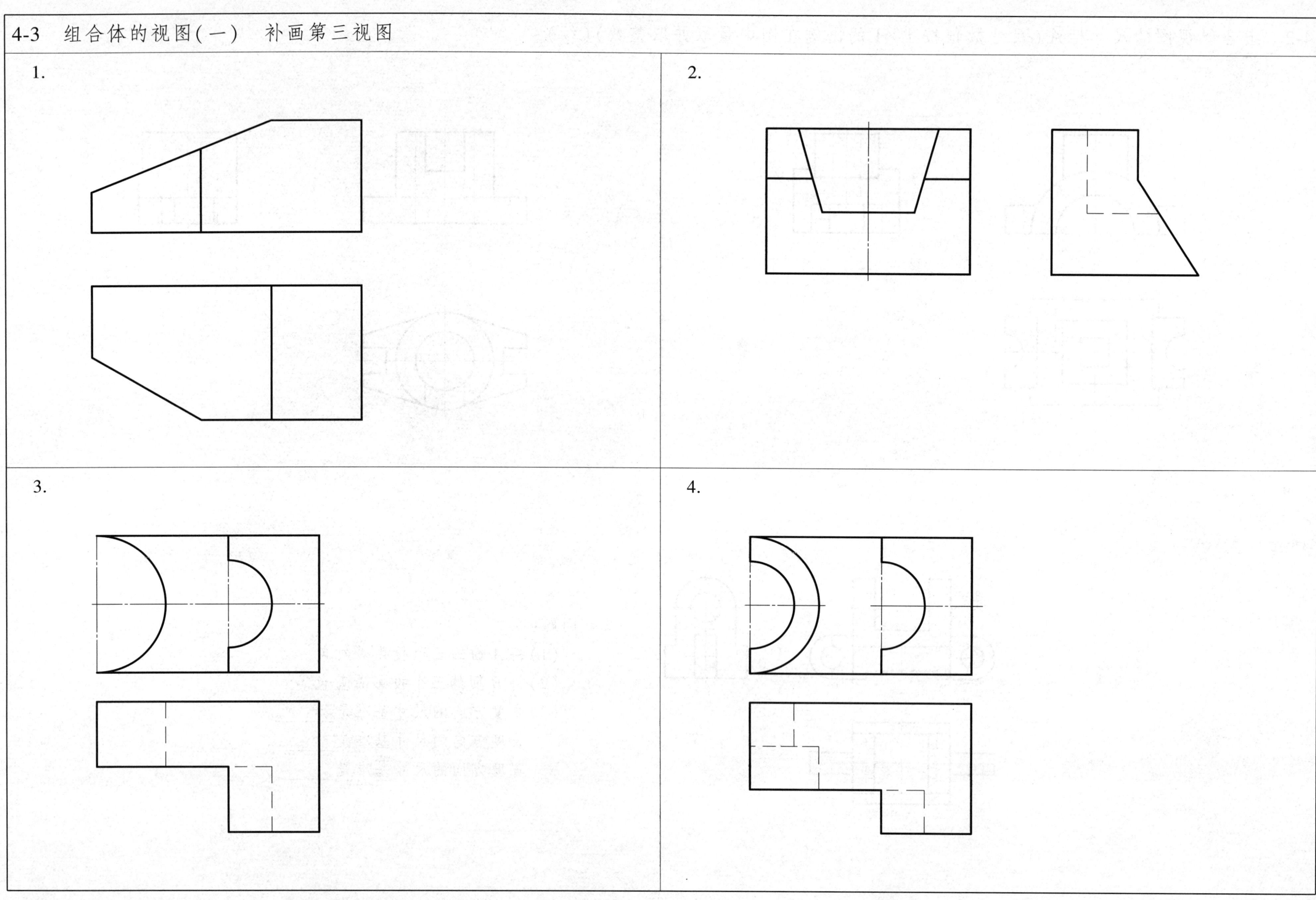

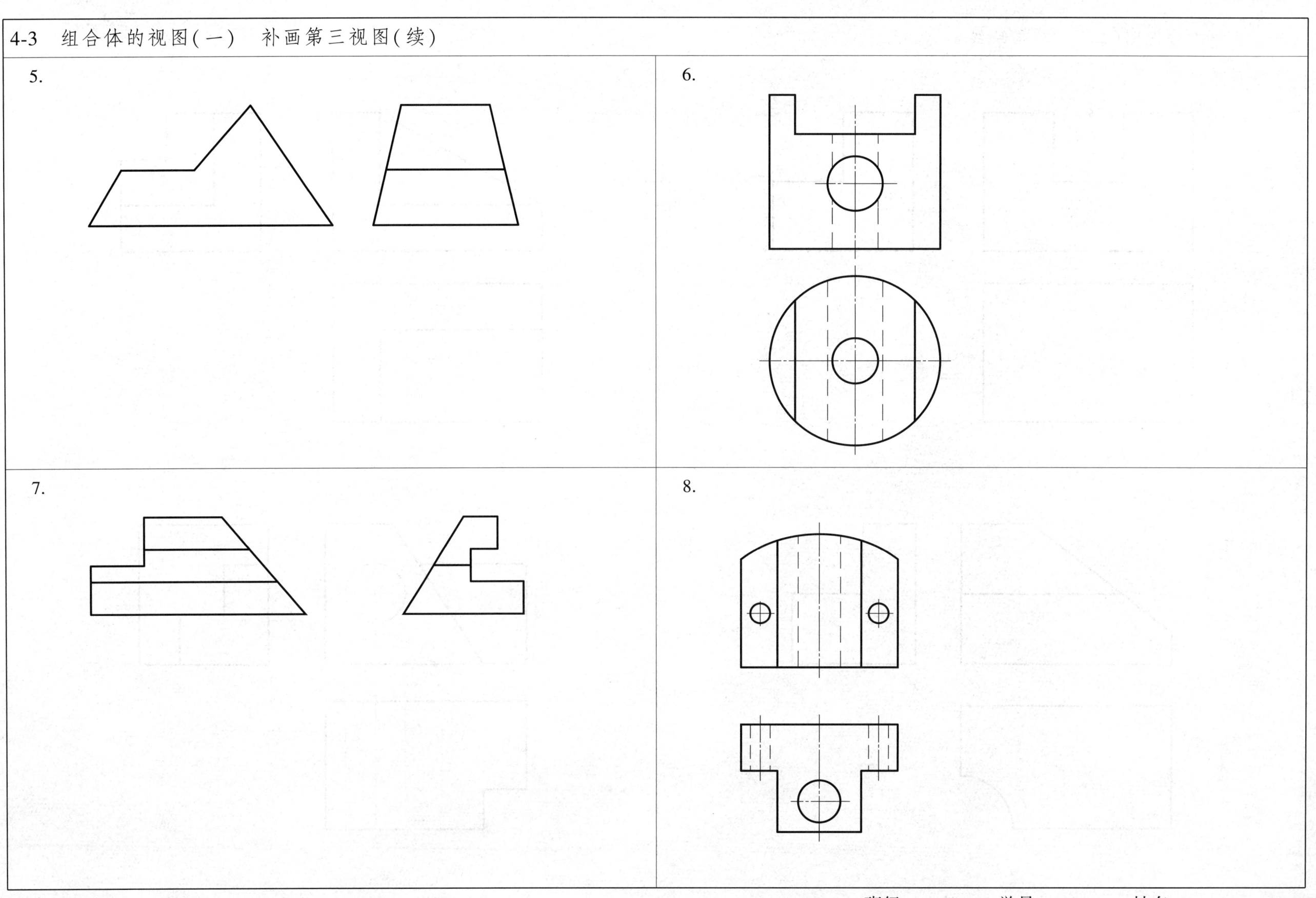

4-3 组合体的视图(二) 补画缺线

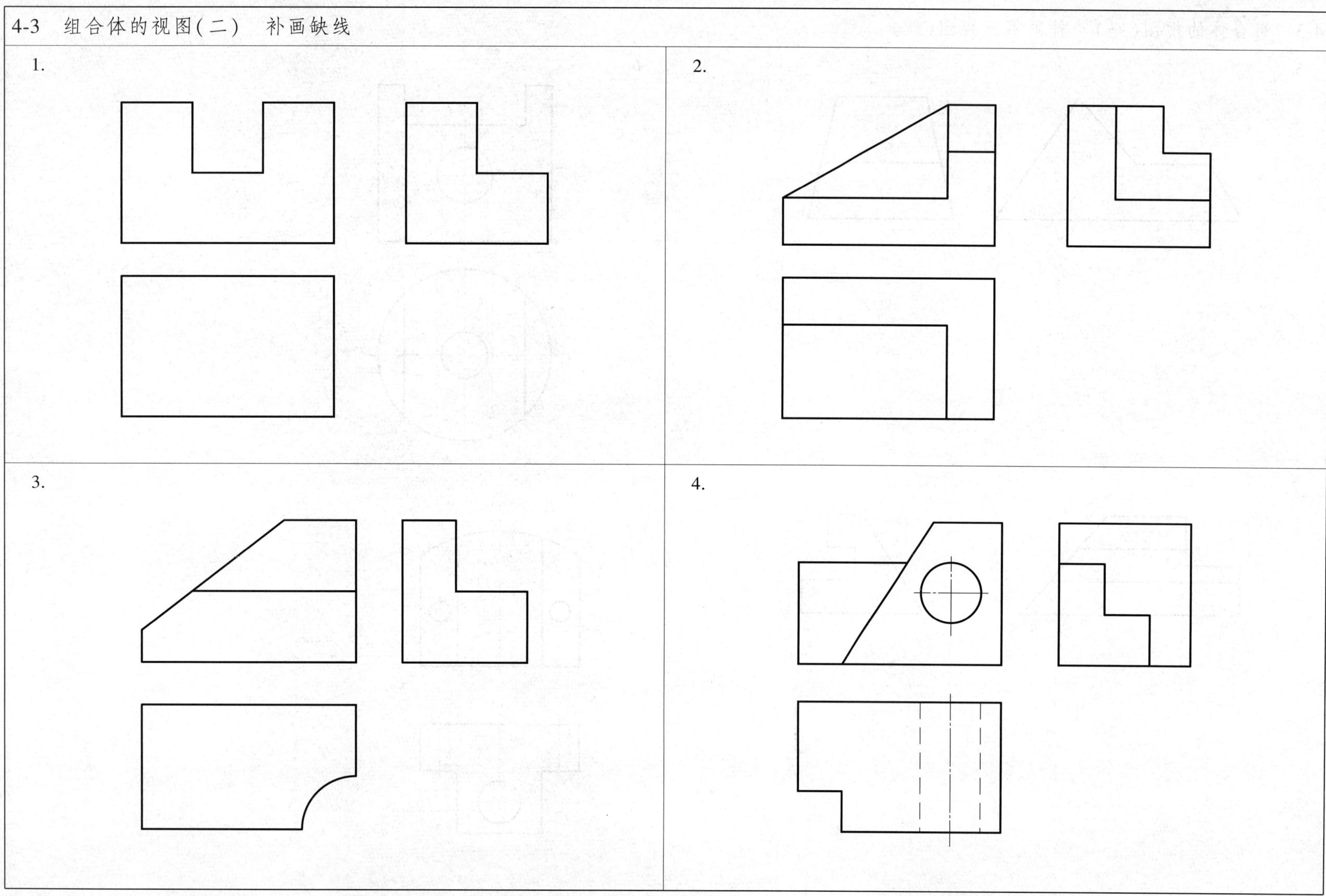

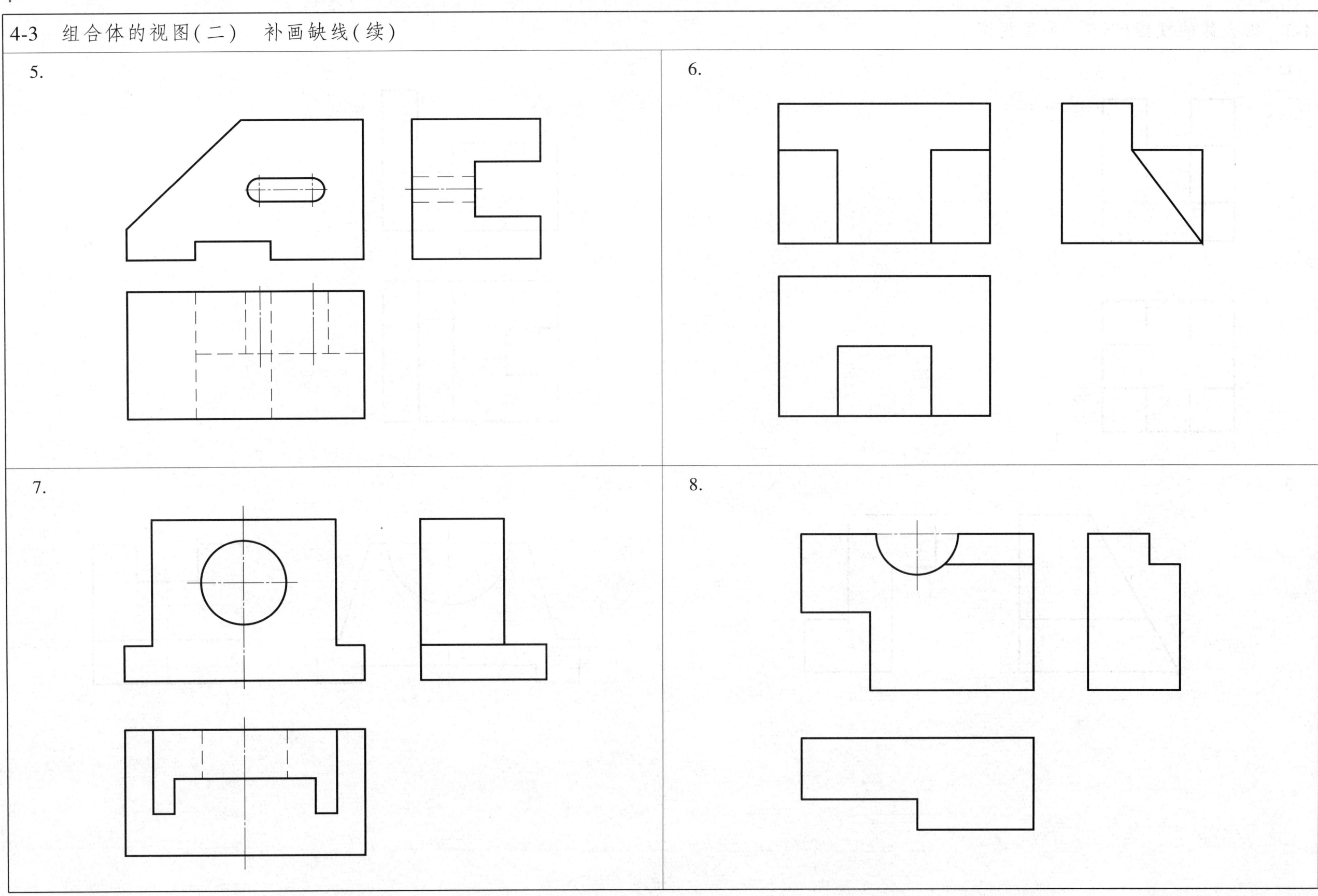

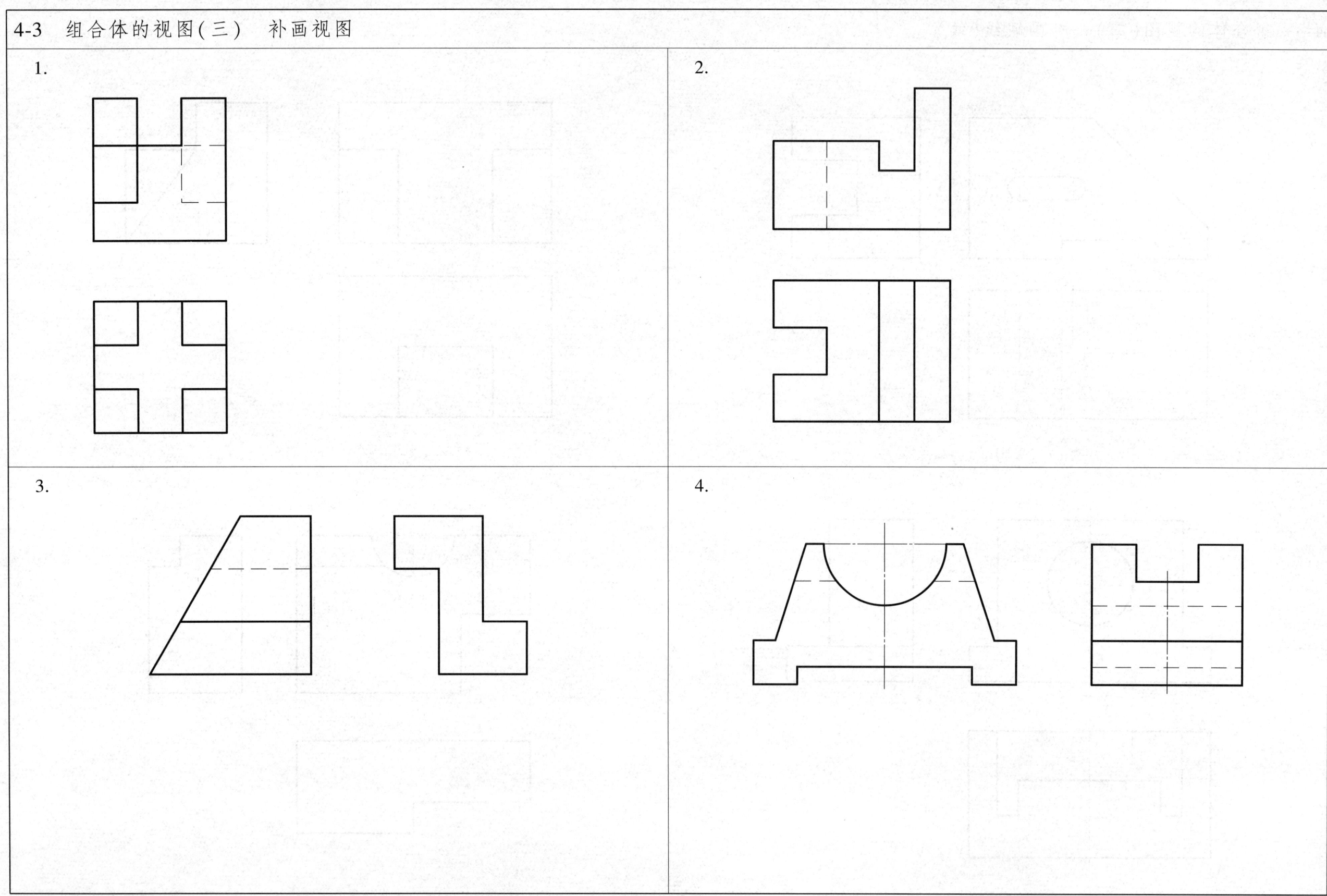

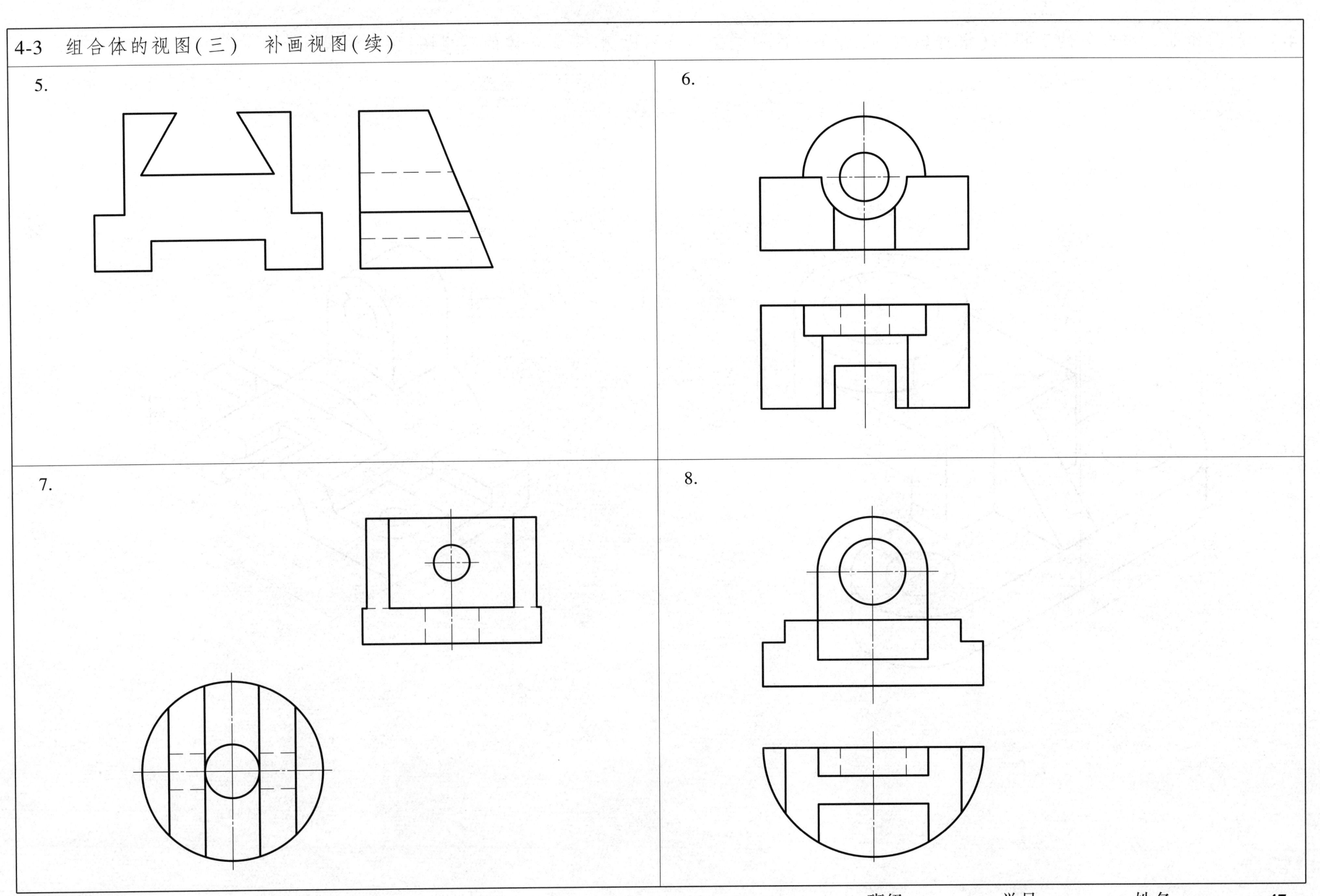

4-4　制图作业　组合体的三视图(根据轴测图,选择合适的图幅和绘图比例,画组合体的三视图,并标注尺寸)

1.

2.

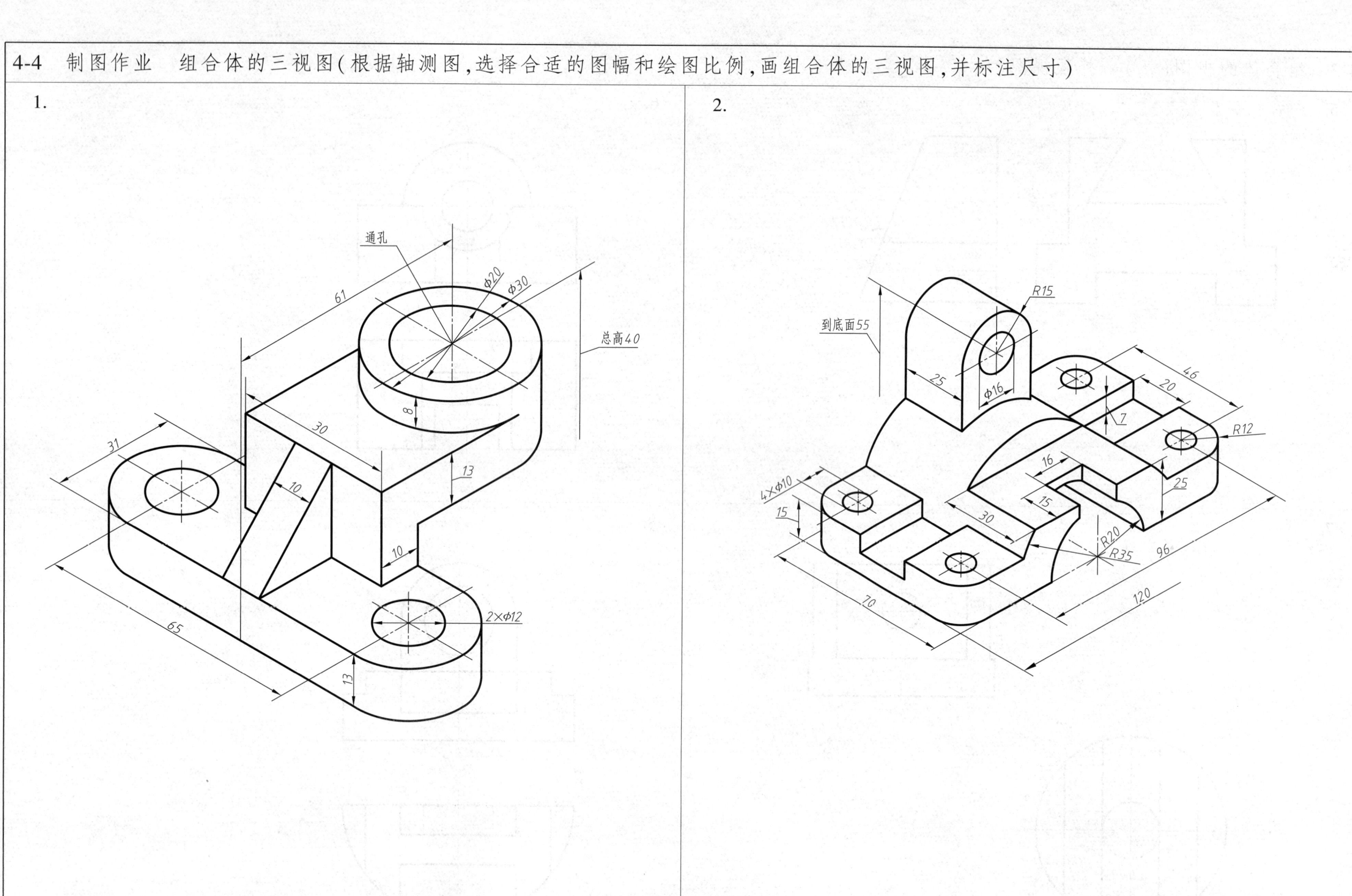

项目 5　零件形状表达方法的学习与应用

5-1　视图

1. 根据轴测图画出六个基本视图。尺寸从图中按 1∶1 的比例量取。

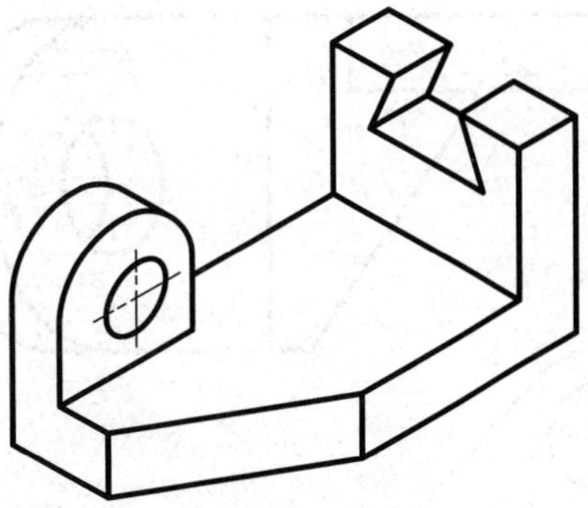

2. 将俯视图改画成局部视图,并补画 A 向斜视图。

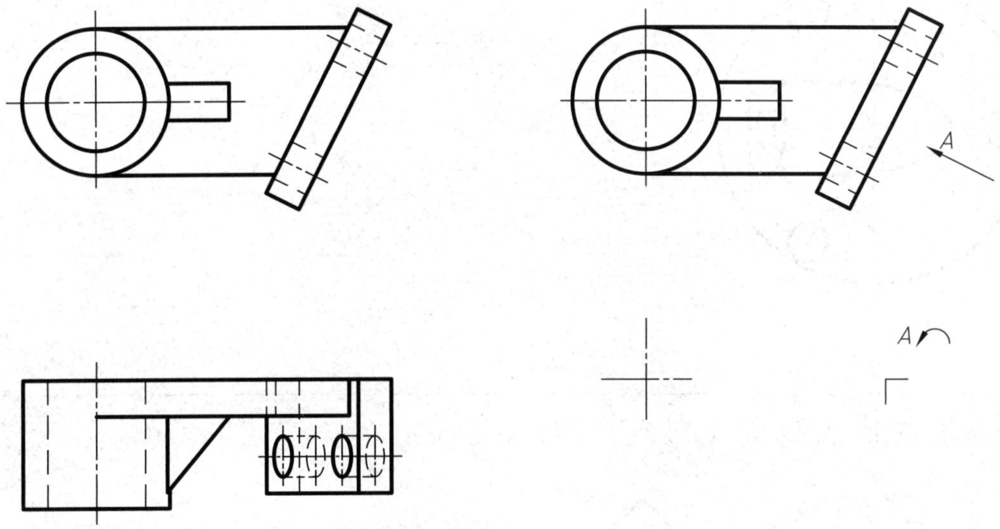

班级　　　学号　　　姓名

5-1 视 图(续)

3. 在合适的位置画出 A 向斜视图和 B 向局部视图。

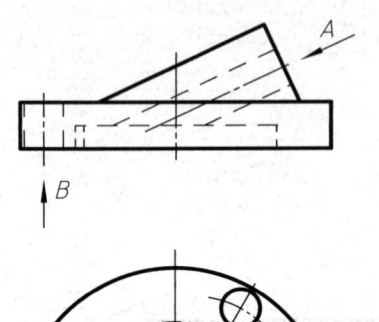

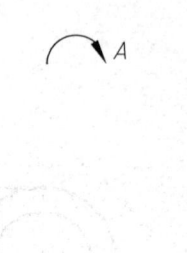

4. 在合适的位置画出 A 向斜视图和 B 向局部视图。

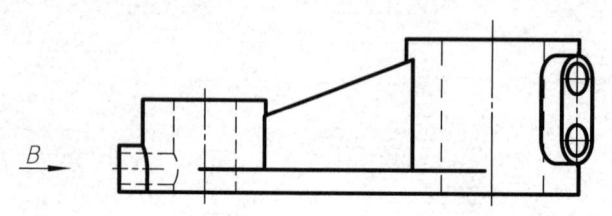

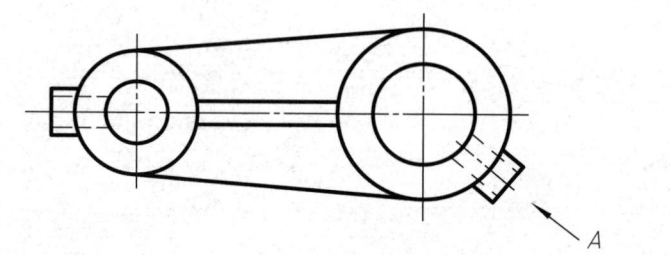

5. 在合适的位置画出 A 向斜视图。

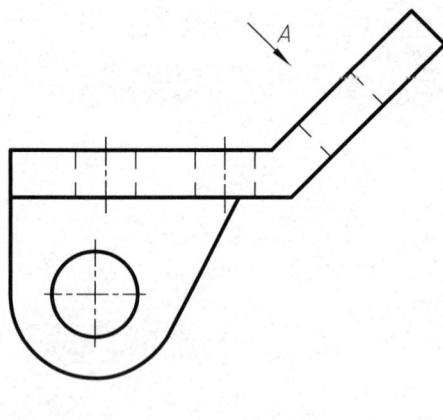

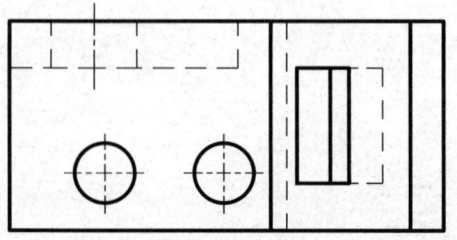

6. 在合适的位置画出 A 向斜视图。

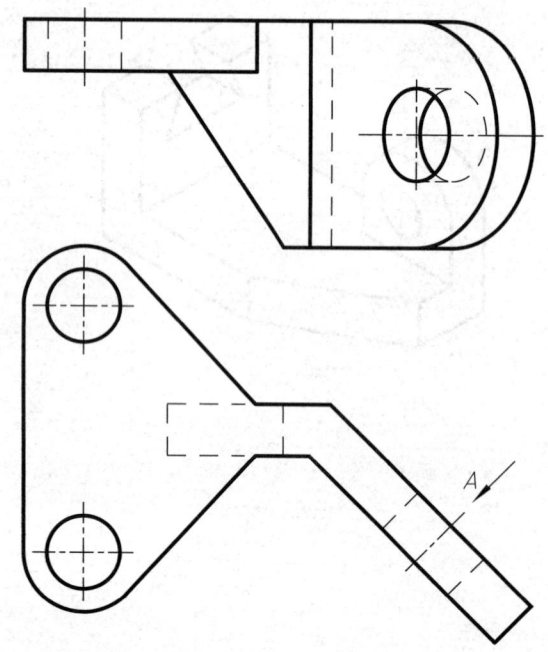

5-2　剖视图（一）　全剖视图

1. 将主视图改画成全剖视图。

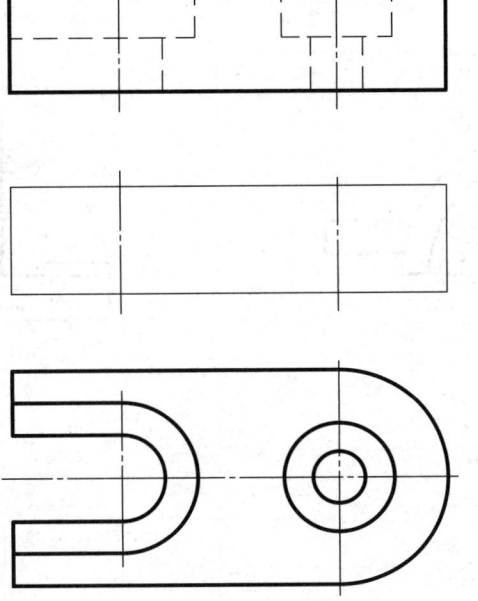

2. 将主视图改画成全剖视图。

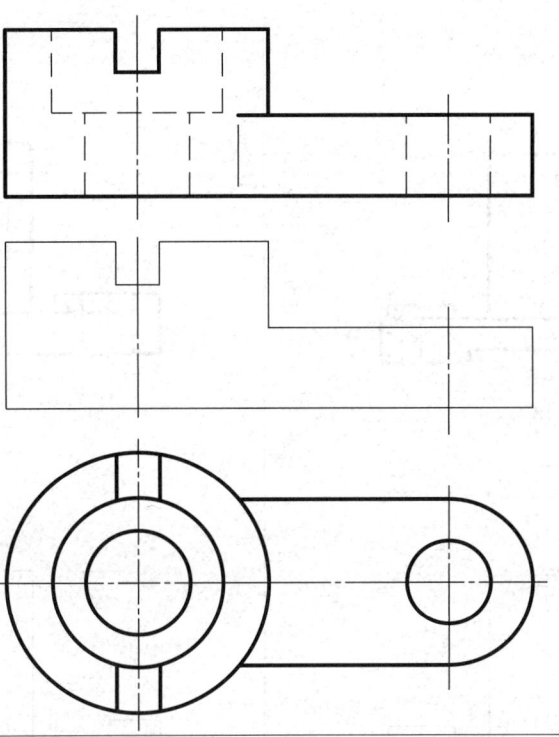

3. 将主视图改画成全剖视图。

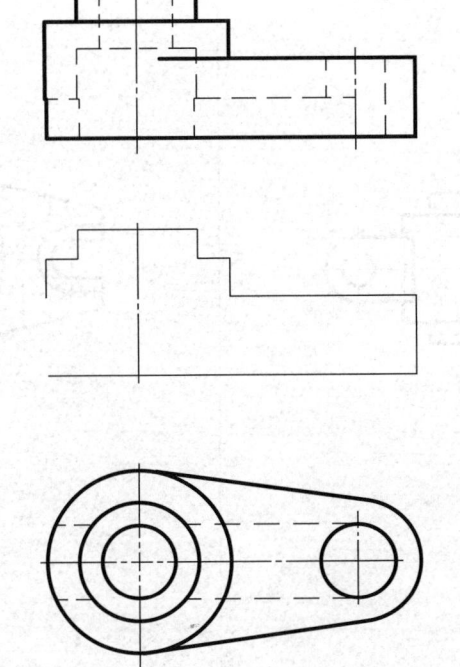

4. 将主视图改画成全剖视图。

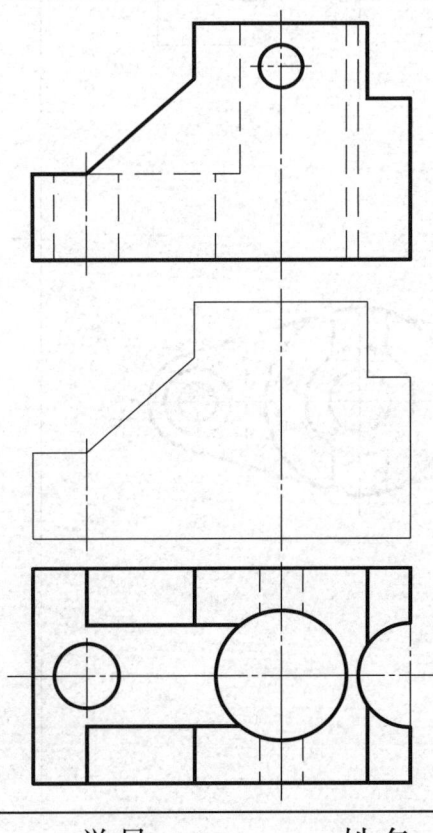

班级　　　学号　　　姓名

5-2 剖视图(二) 半剖视图(求作半剖的主视图)

1.

2.

3.

4.

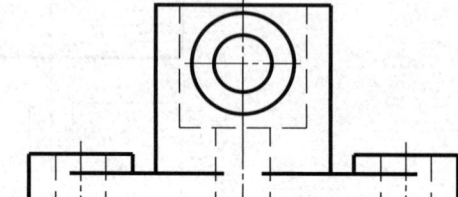
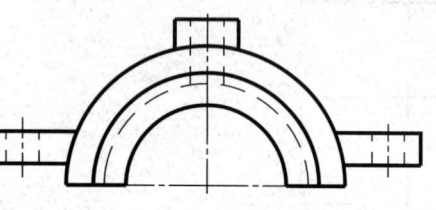
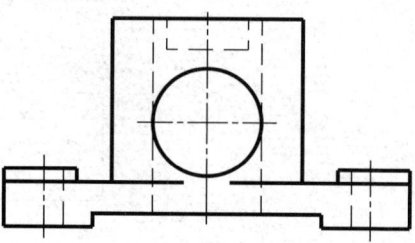

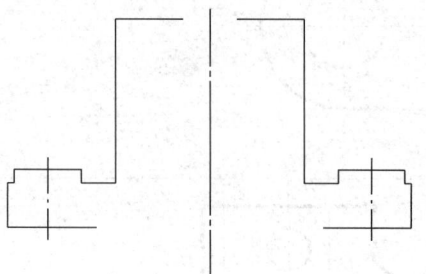
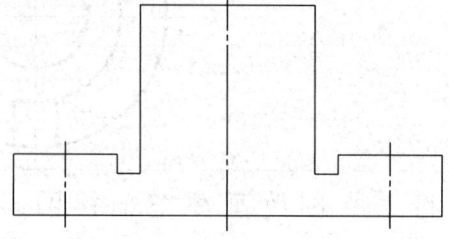
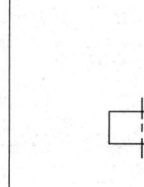
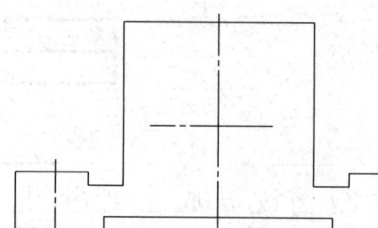

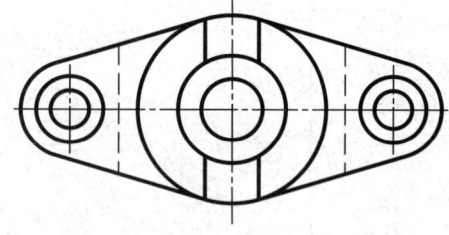
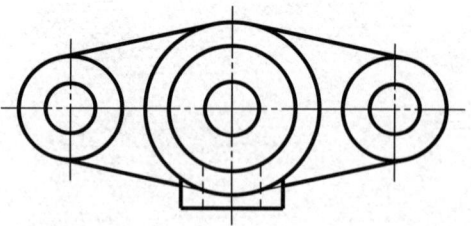
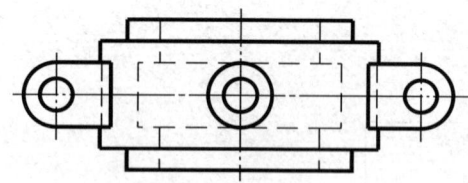
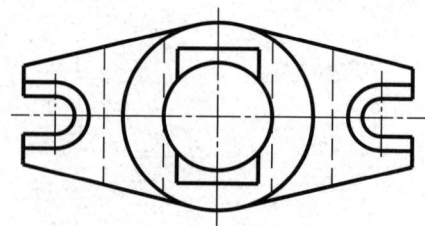

52　　　　　　　　　　　　　　　　　　　　　　　　　　班级　　　学号　　　姓名

5-2 剖视图(三) 局部剖视图

1. 判断下列剖视图的画法是否正确。正确的打√,错误的打×,并说明错误的原因。

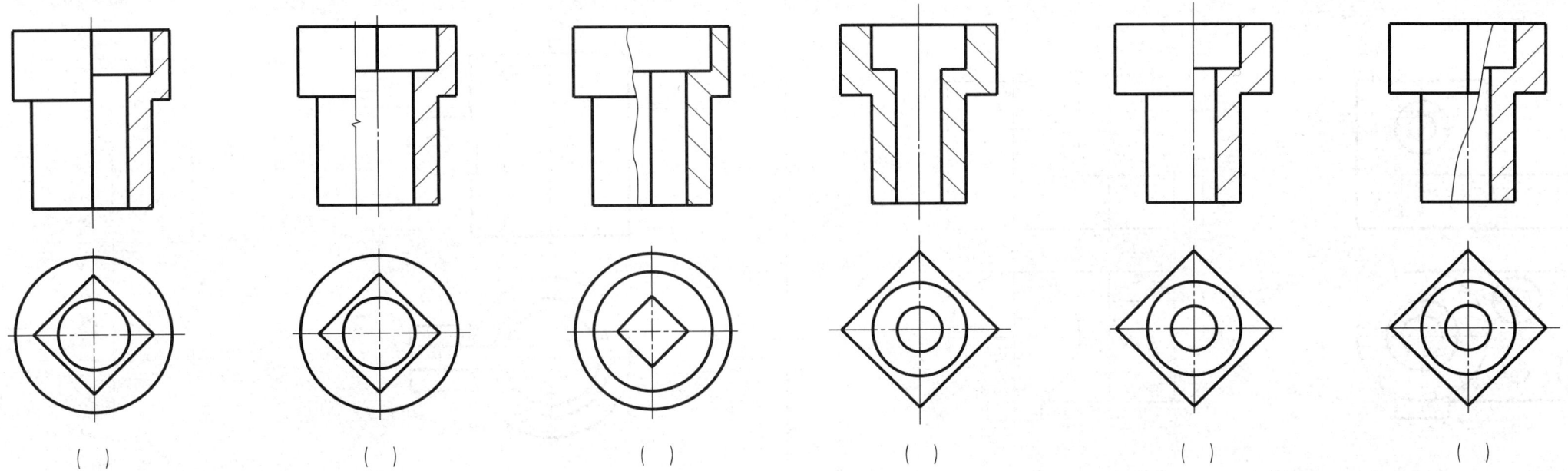

( )　　( )　　( )　　( )　　( )　　( )

2. 找出下列局部剖视图中的错误,并将正确的图形画在指定的位置。

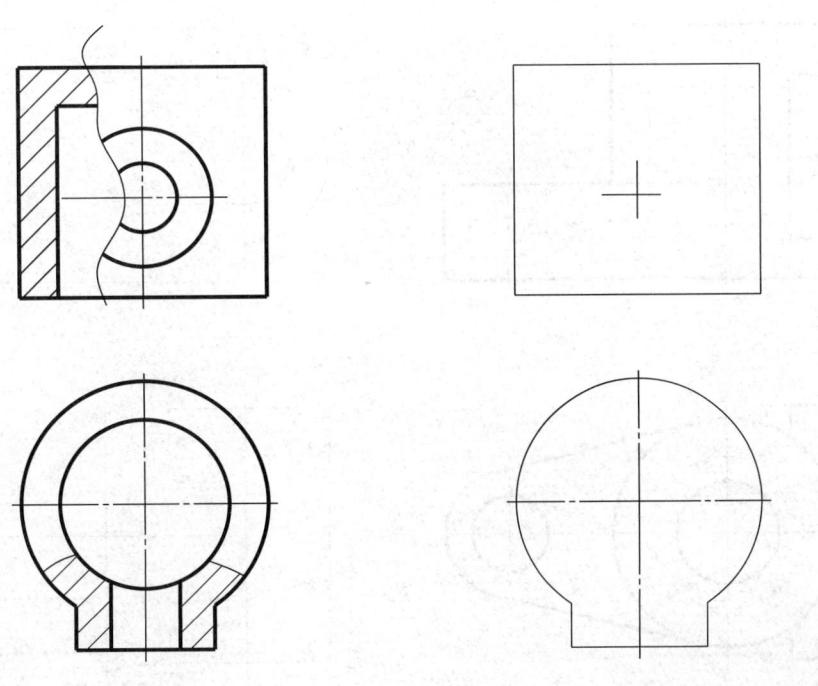

3. 将主视图改画成局部剖视图。

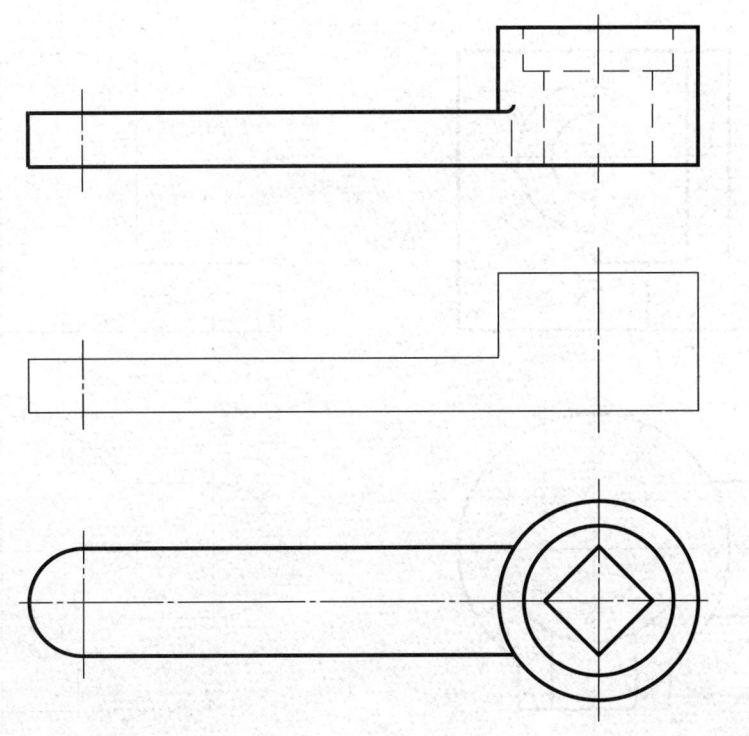

5-2　剖视图(三)　局部剖视图(续)

4. 将主、俯视图改画成局部剖视图。

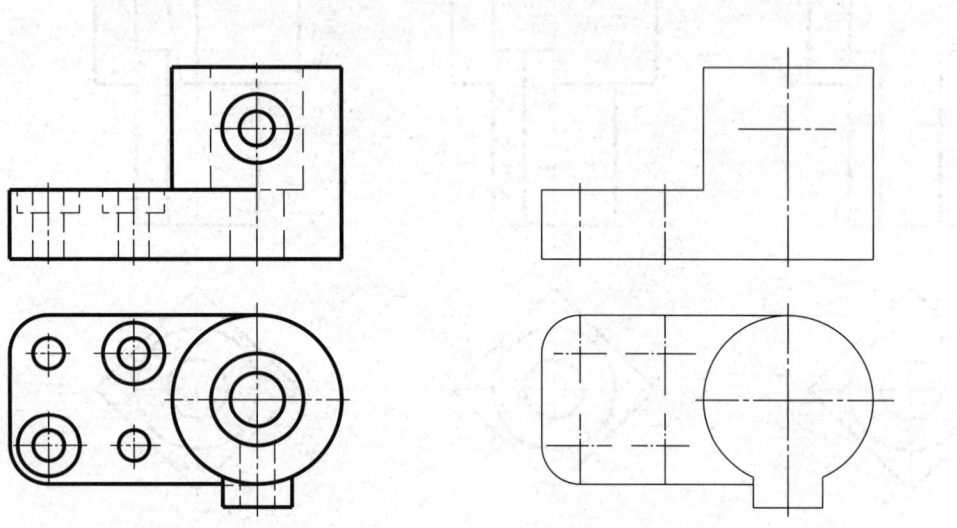

5. 将主、俯视图改画成局部剖视图。

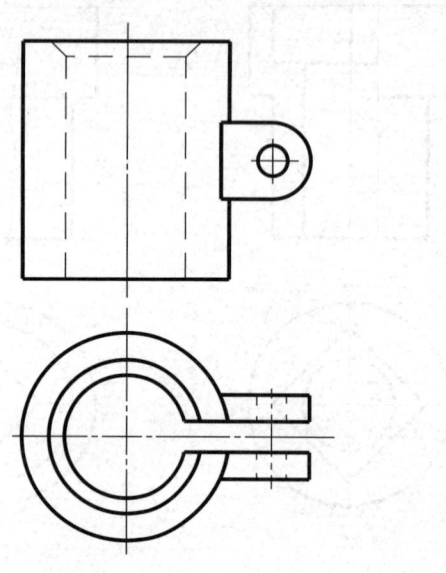
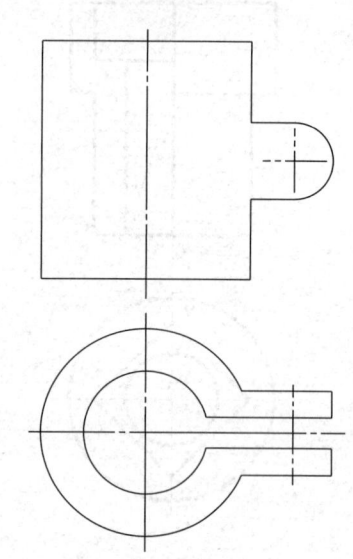

6. 指出局部剖视图中的错误，将正确的画在右边。

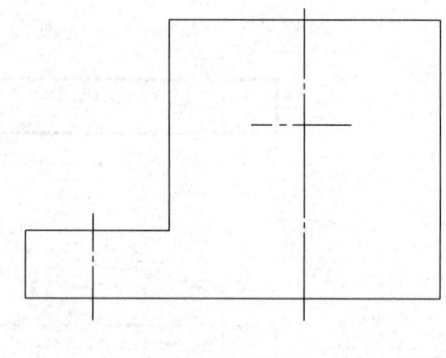
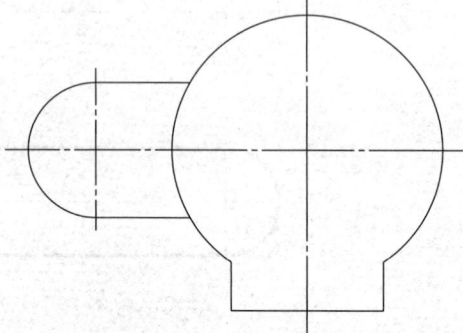

7. 将主视图和俯视图改画成局部剖视图。

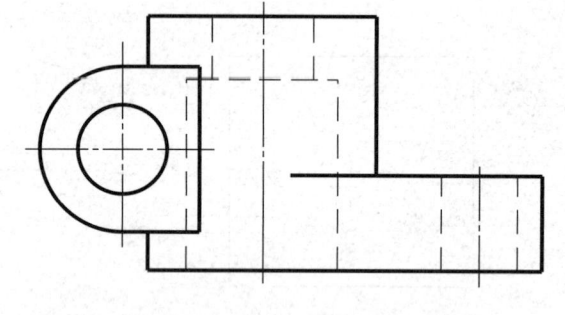
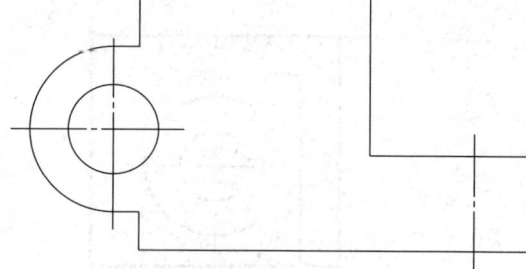
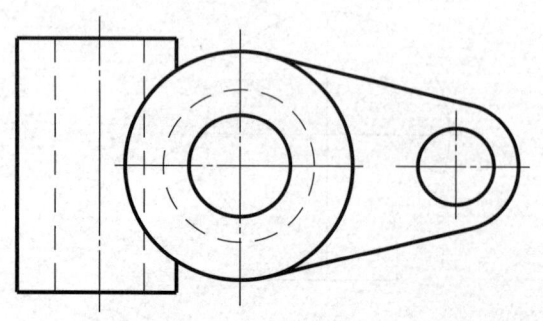
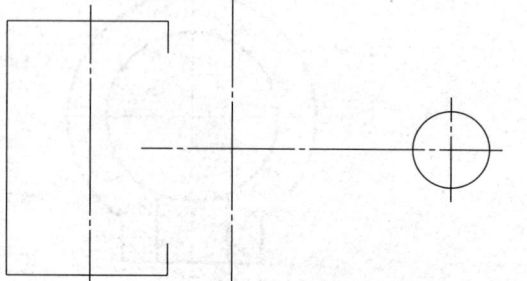

5-2 剖视图(四) 单一剖切平面

1. 在指定位置作全剖的主视图。

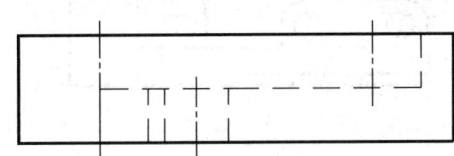
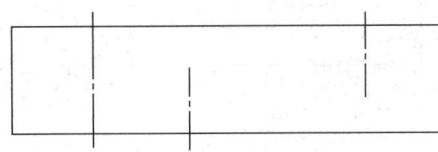
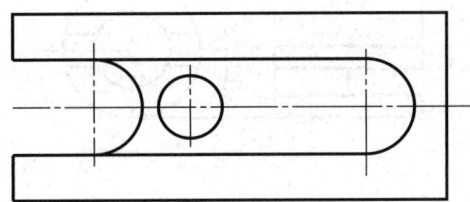

2. 在指定位置作半剖的主视图。

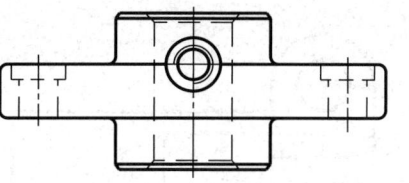
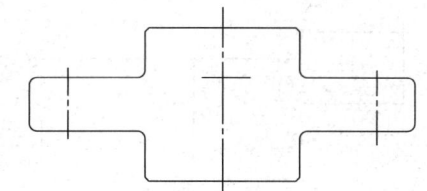
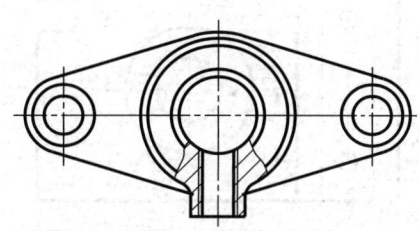

3. 画出 A—A、B—B 剖视图。

A—A　　　　　B—B

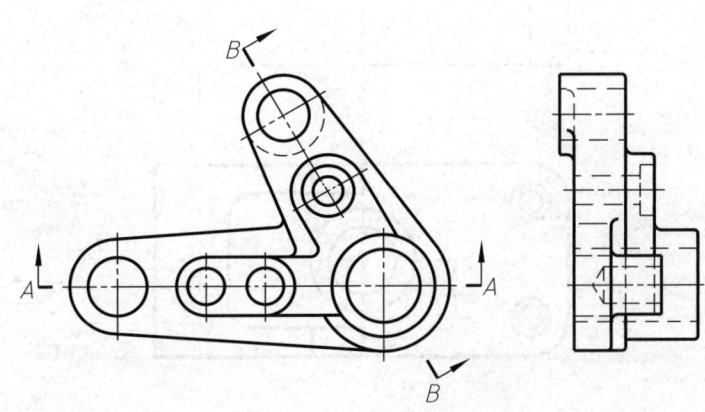

4. 画出 A—A 剖视图。

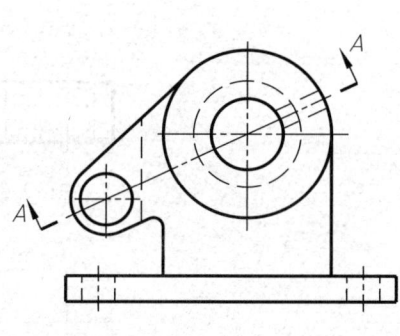
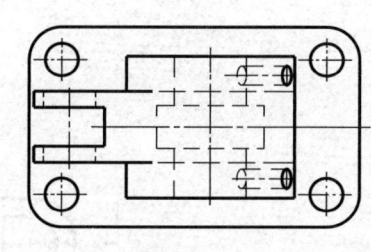

班级　　学号　　姓名

5-2 剖视图(五) 平行的剖切平面

1. 在指定位置作 A—A 剖视图。

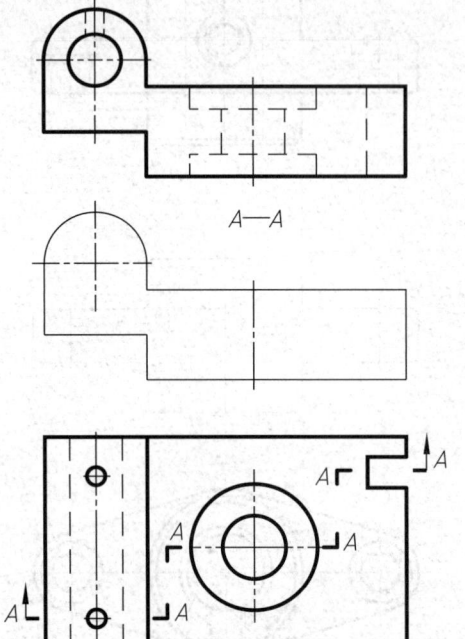

2. 在指定位置作 A—A 剖视图。

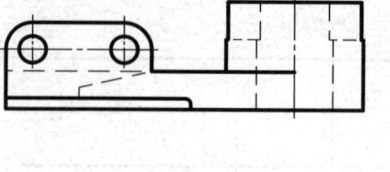

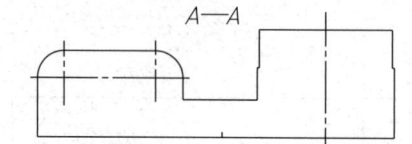

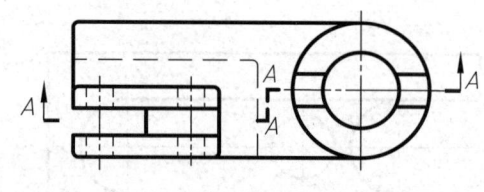

3. 用几个平行的剖切平面剖切的方法,将主视图改画为合适的剖视图。

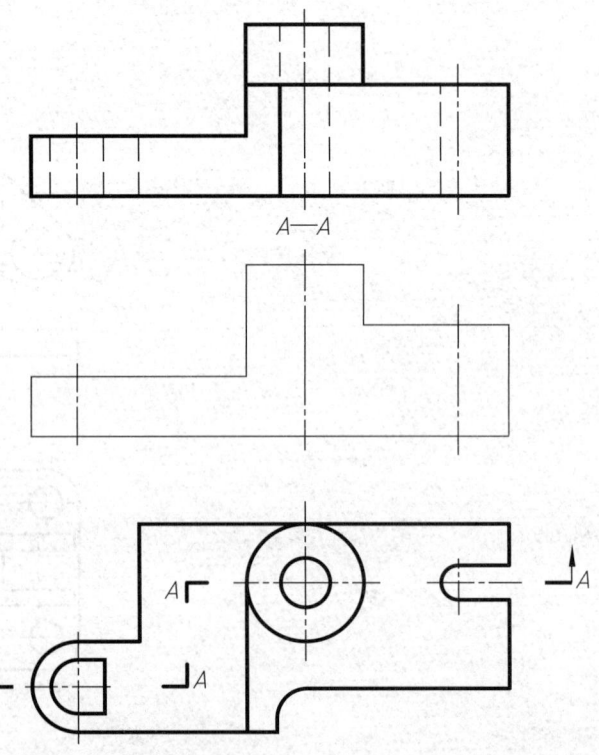

4. 在指定位置作 A—A 剖视图。

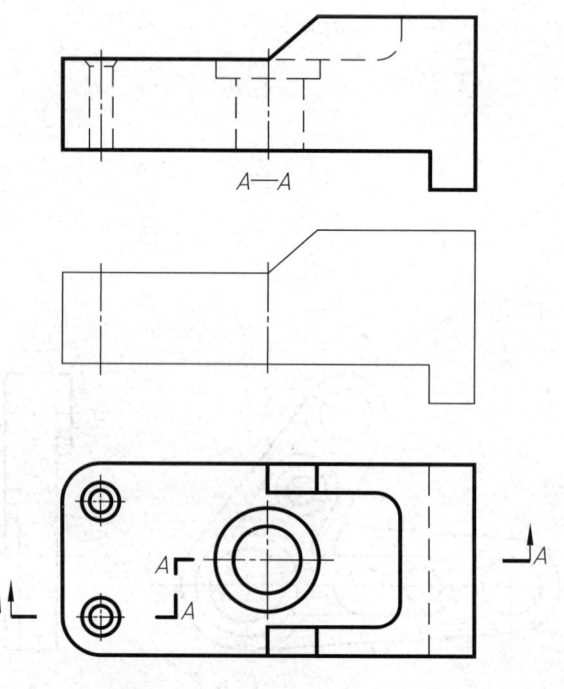

5-2 剖视图（六） 相交的剖切平面

1. 用合适的剖切方法，在指定位置改画全剖的俯视图。

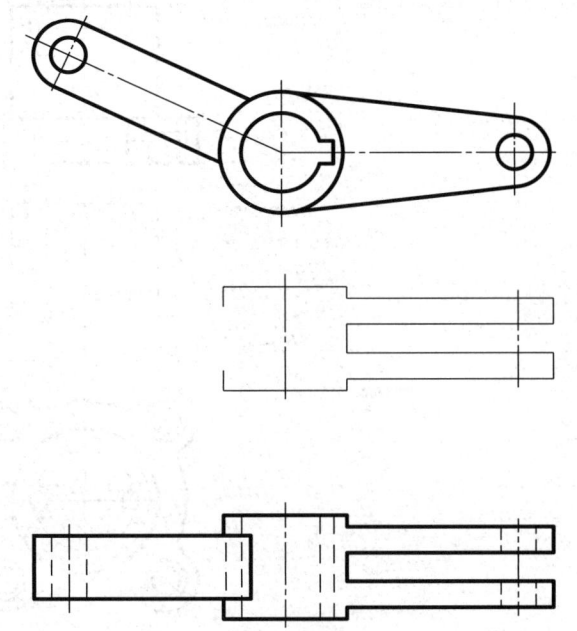

2. 用合适的剖切方法，在指定位置改画全剖的主视图。

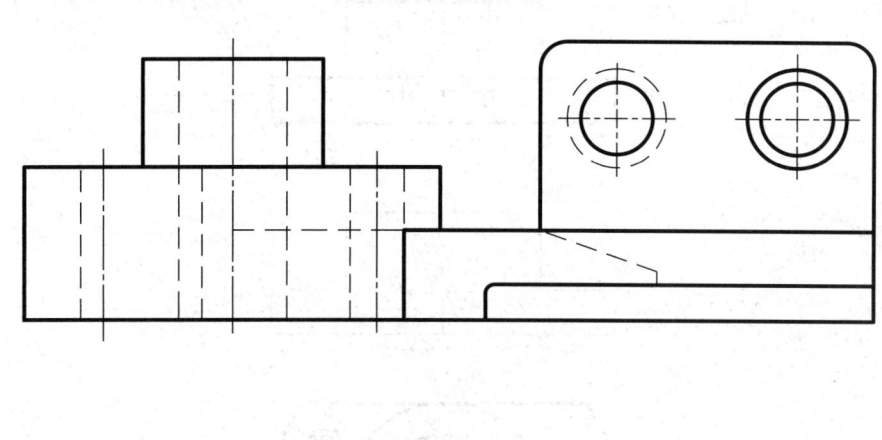

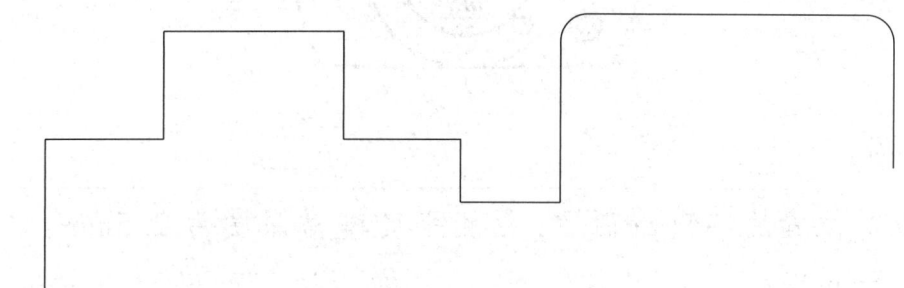

3. 用合适的剖切方法，在指定位置改画全剖的主视图。

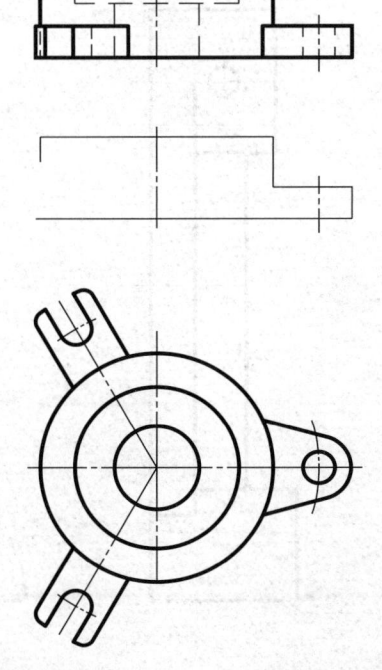

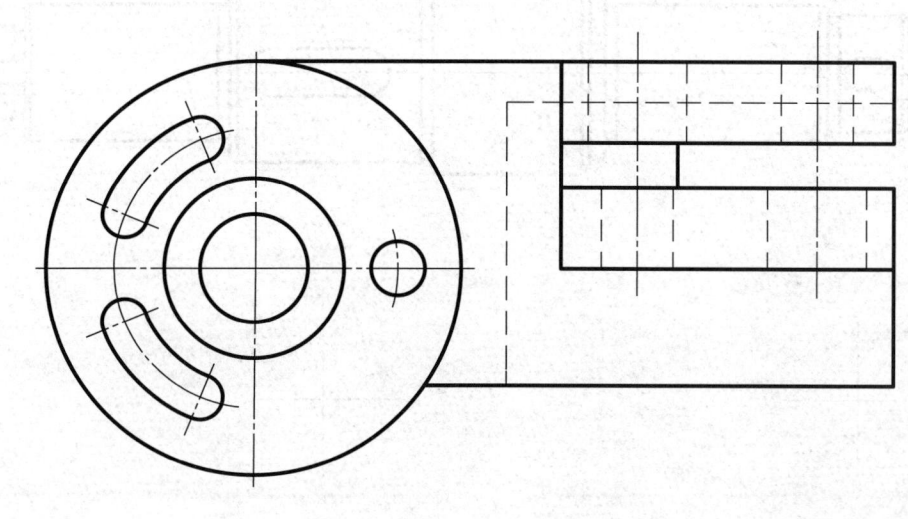

5-2 剖视图(六) 相交的剖切平面(续)

4. 用合适的剖切方法,在指定位置改画全剖的主视图。

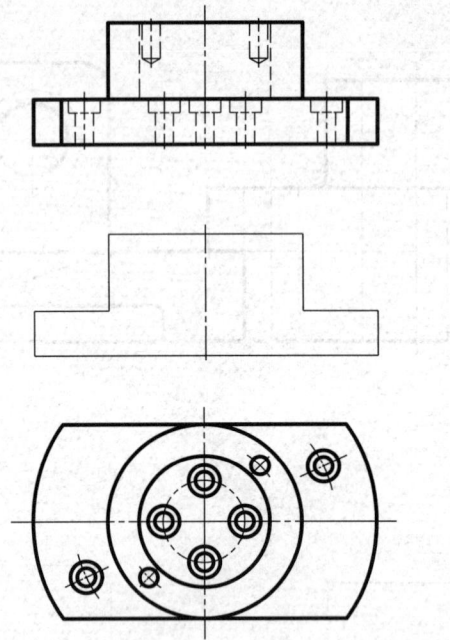

5. 用合适的剖切方法,在指定位置改画全剖的主视图。

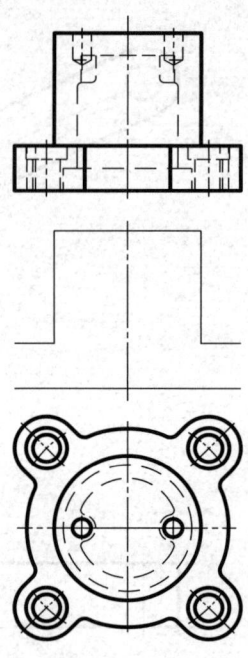

5-3 断面图

1. 画出指定位置的移出断面图(左侧平键键槽深度为 2.5mm,右侧平键键槽深度为 3.5mm)。

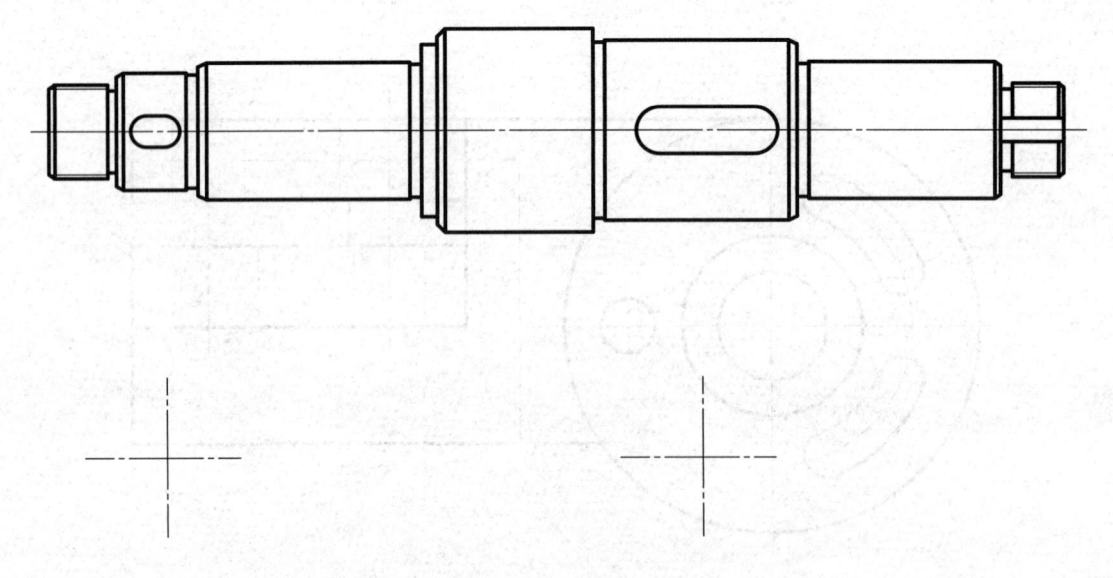

2. 画出指定位置的重合断面图。

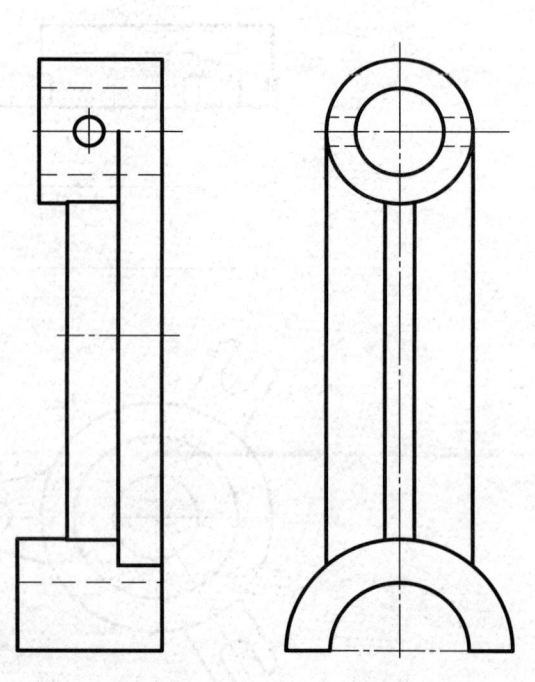

5-3 断面图(续)

3. 按指定的剖切位置画出移出断面图。

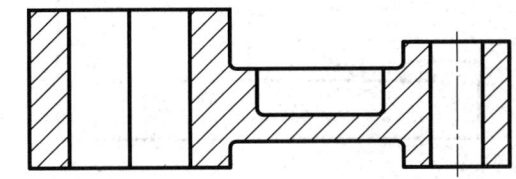
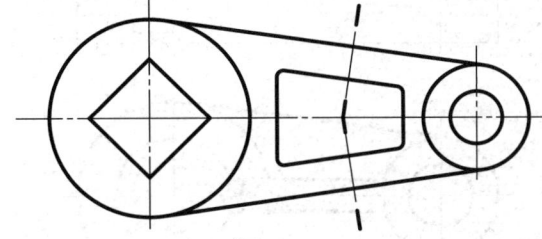

4. 按指定的剖切位置画出移出断面图。

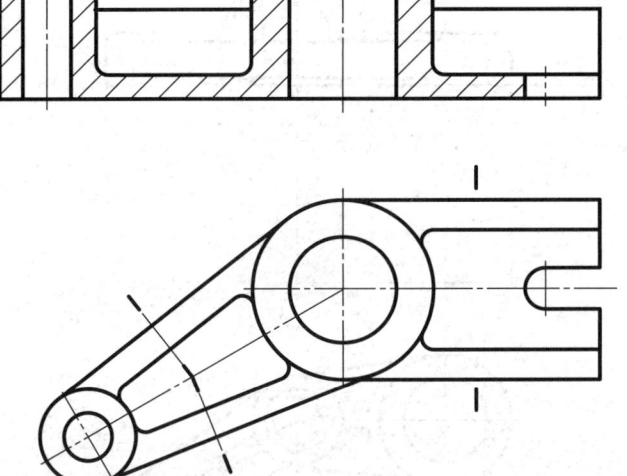

5. 根据给出的主视图,选择正确的断面图。

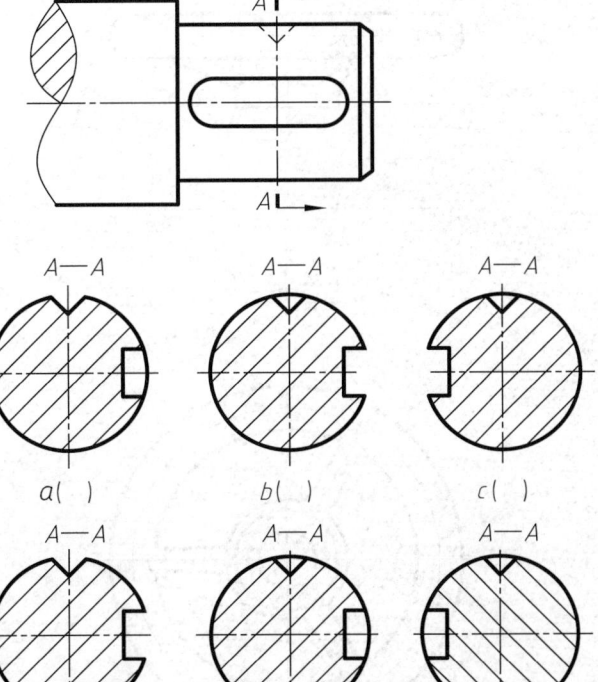

6. 根据给出的主视图,选择正确的断面图。

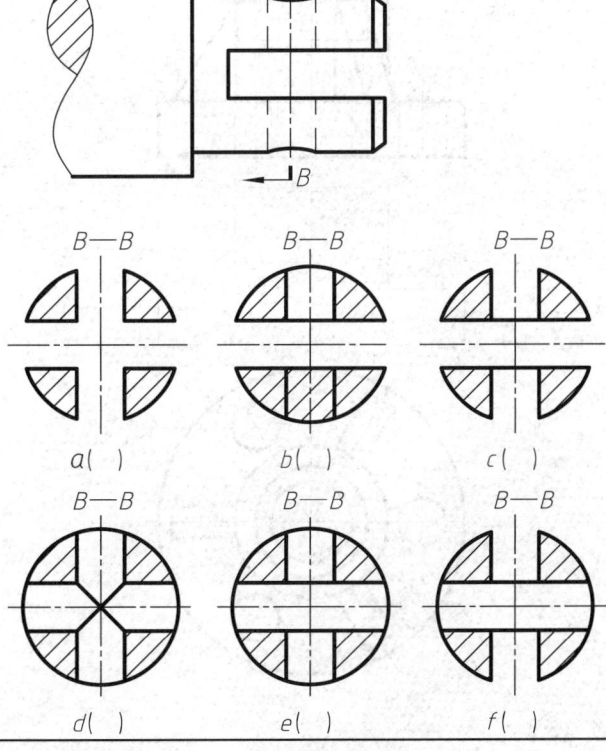

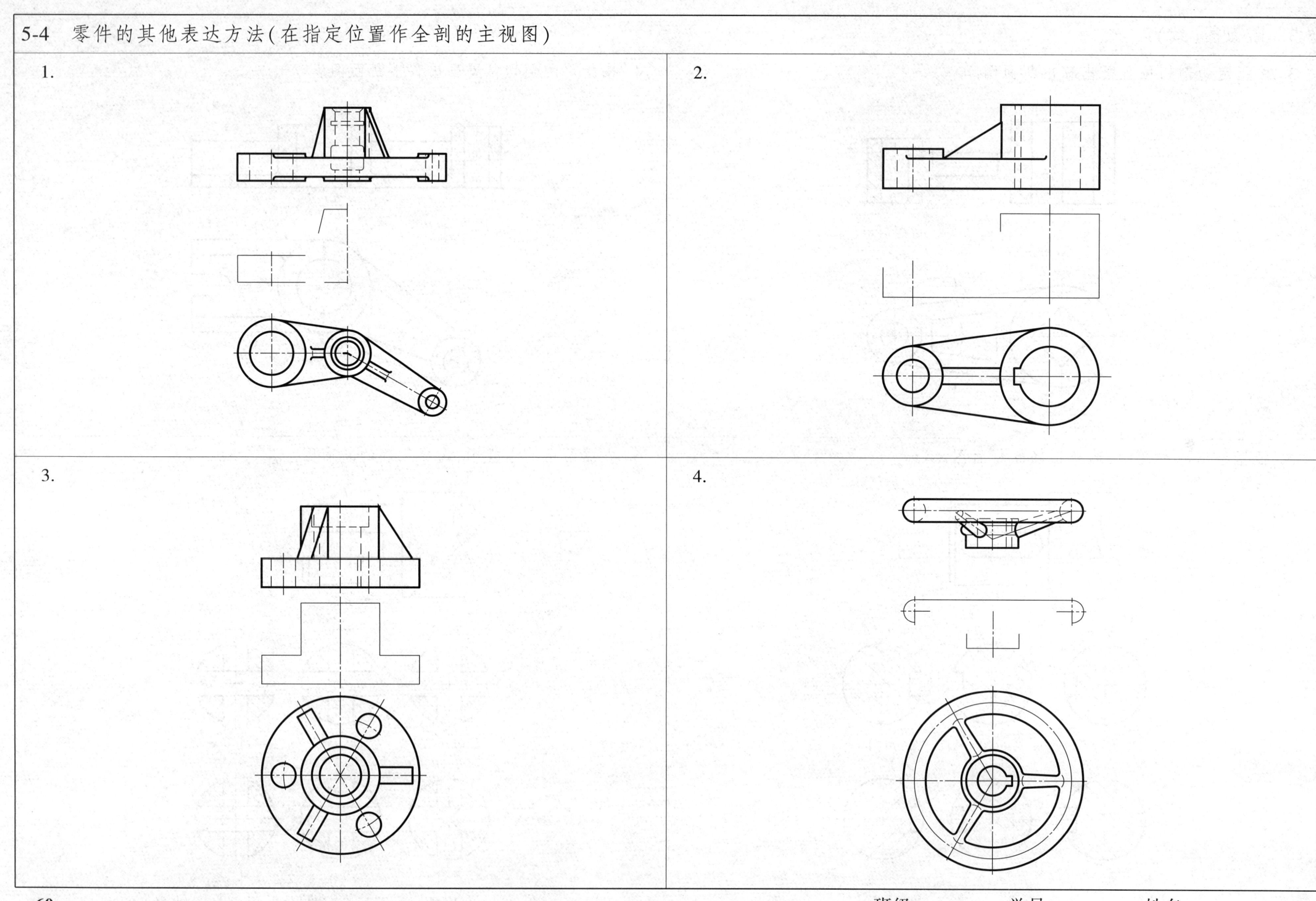

5-5 表达方法的综合应用

1. 采用适当的表达方法来完整表达如图所示的零件,并标注尺寸(尺寸在图中按 1∶1 的比例量取)。

2. 将主视图改画成适当的剖视图,并画出 B 向局部视图和 C 向斜视图及肋板的重合断面图。

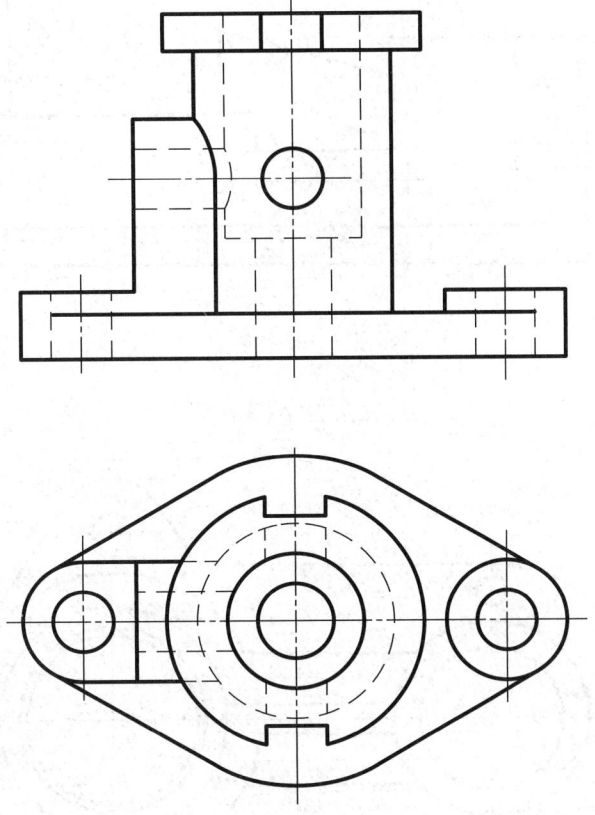
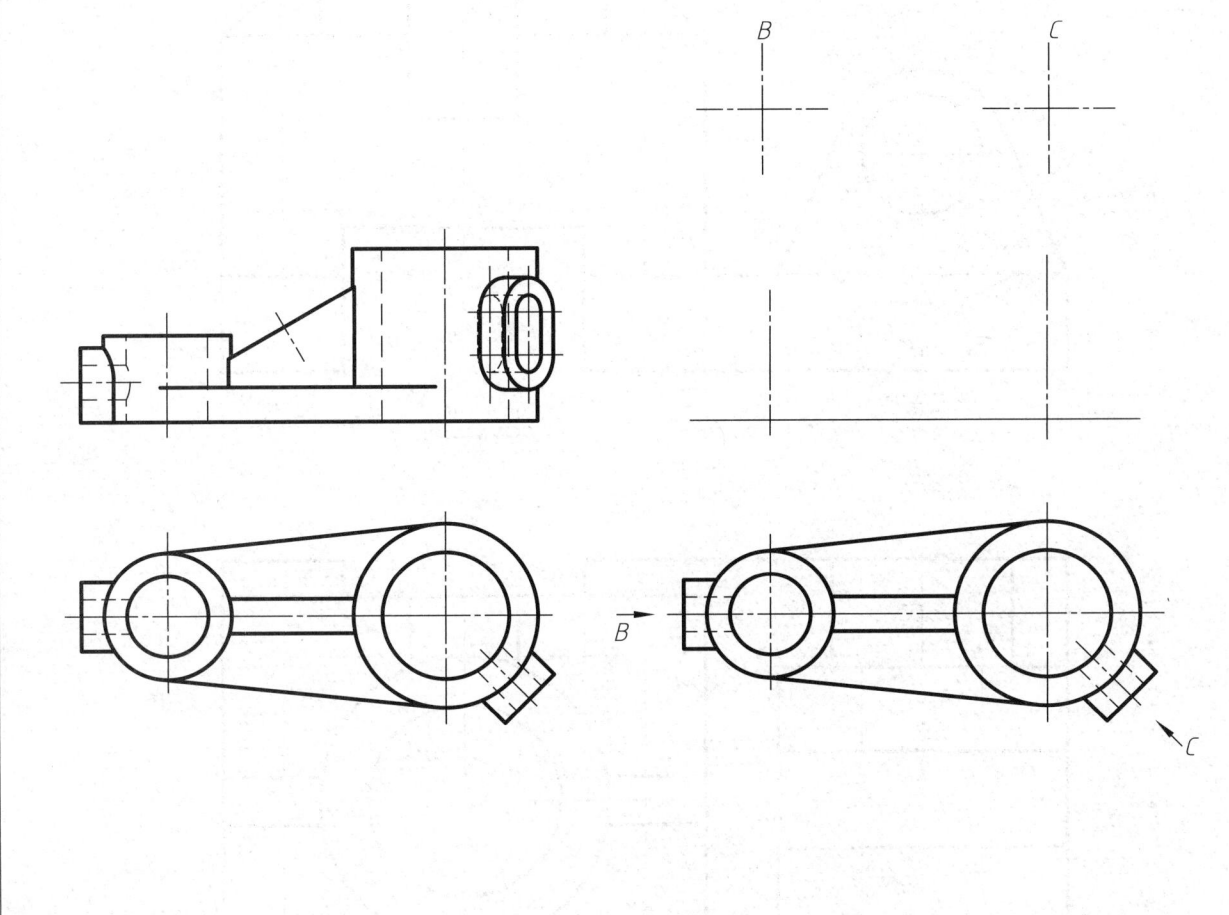

5-5 表达方法的综合应用(续)

3. 根据已知的两视图,画出零件的左视图。各视图均采用适当的表达方法,以清楚地表达零件的结构形状,并标注尺寸(A3图纸,比例1:1,尺寸从图中量取,取整数)。

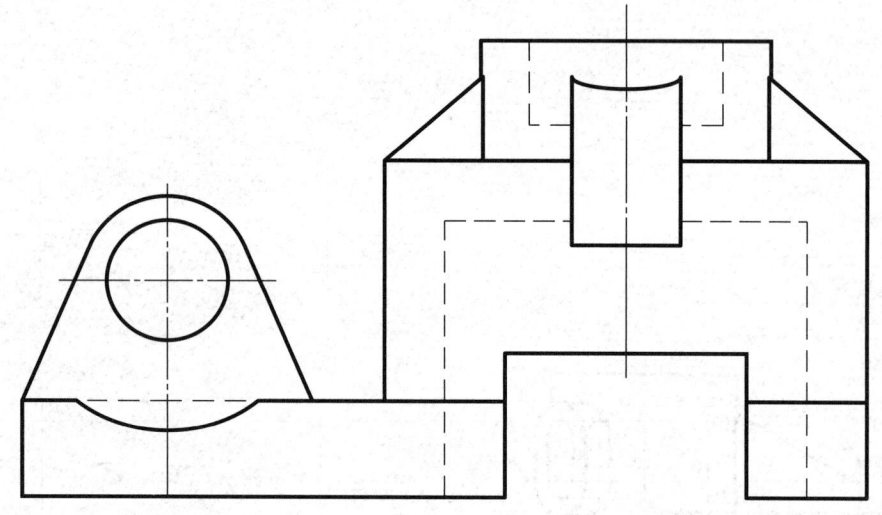

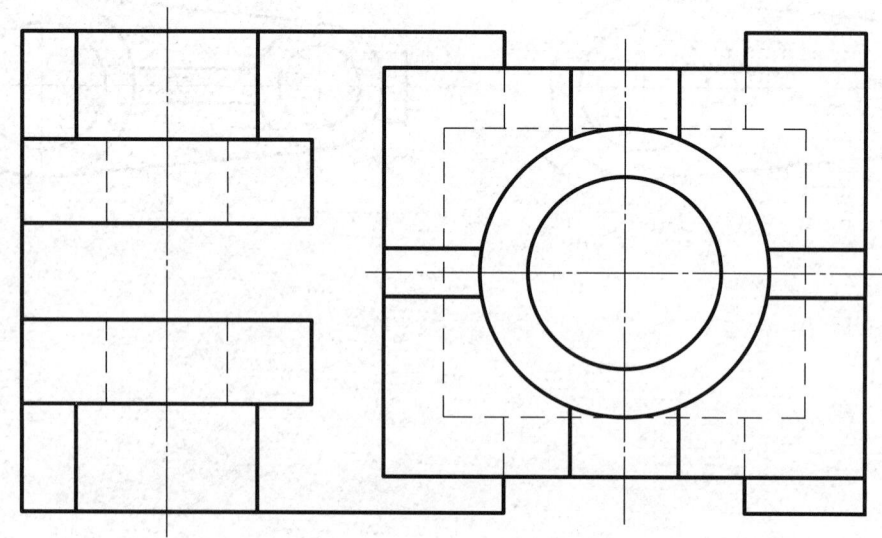

4. 根据已知的两视图,采用适当的表达方法,清楚表达零件的结构形状,并标注尺寸(A2图纸,比例2:1,尺寸从图中量取,取整数)。

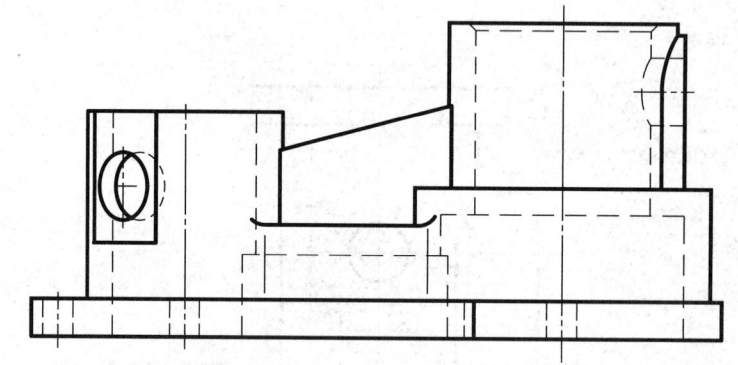

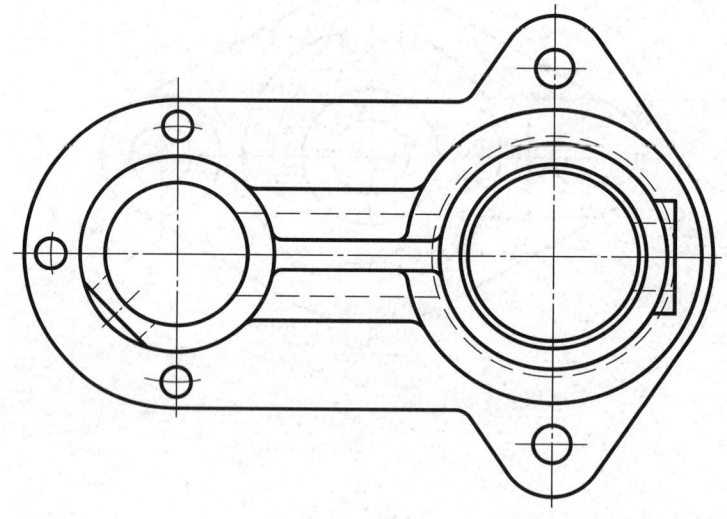

项目6 机械图样中特殊表示法的学习与应用

6-1 螺纹及其画法(分析螺纹画法的错误,在指定位置画出正确的图形)

1.

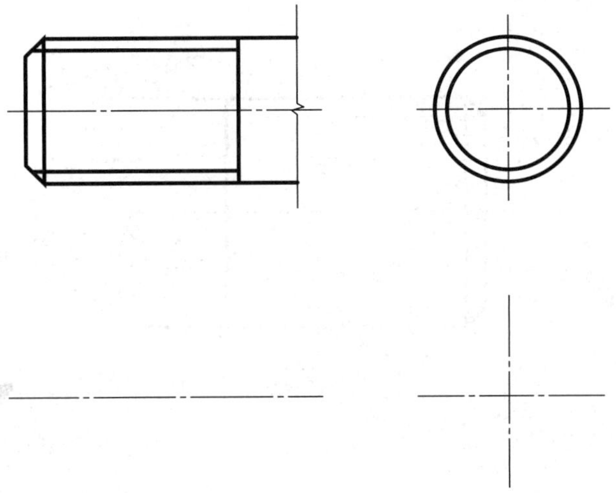

2.

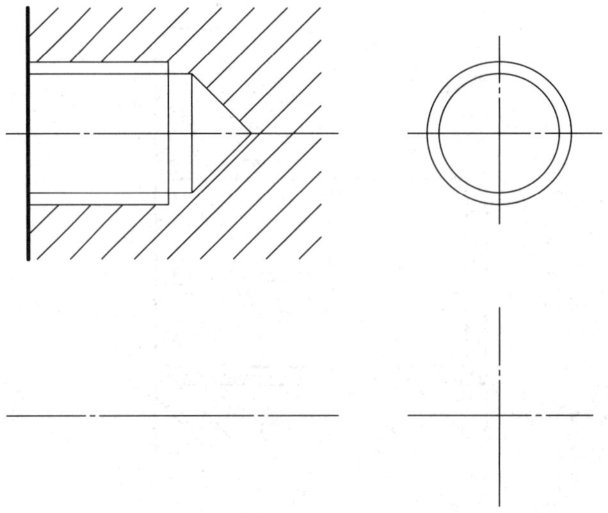

3.

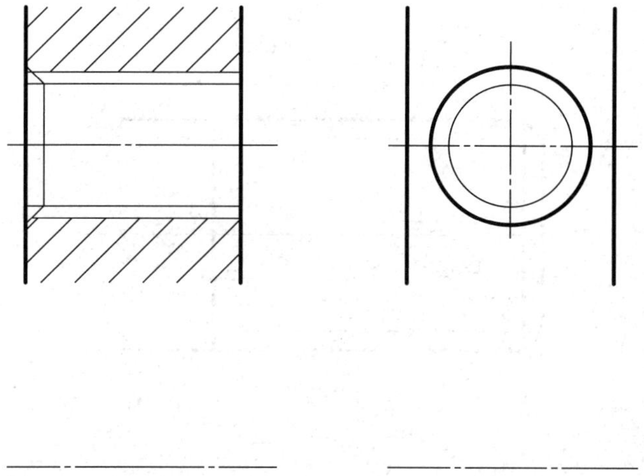

4.

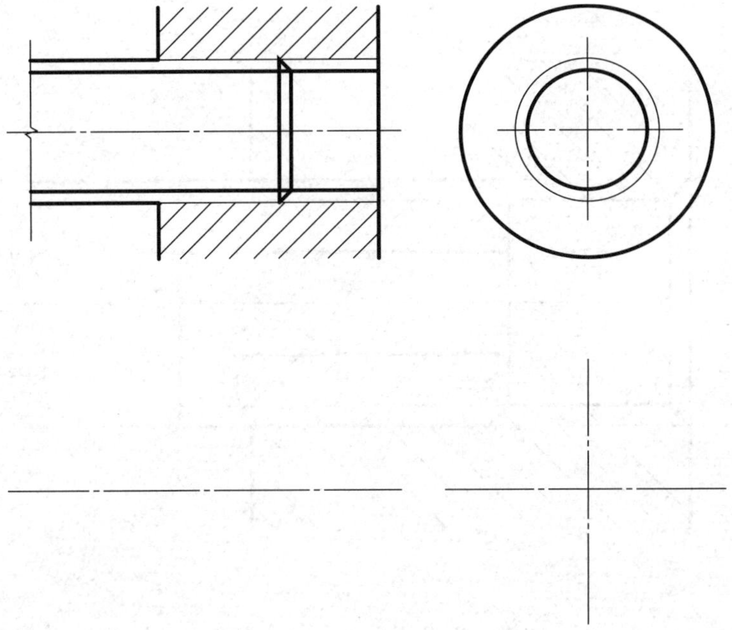

5.

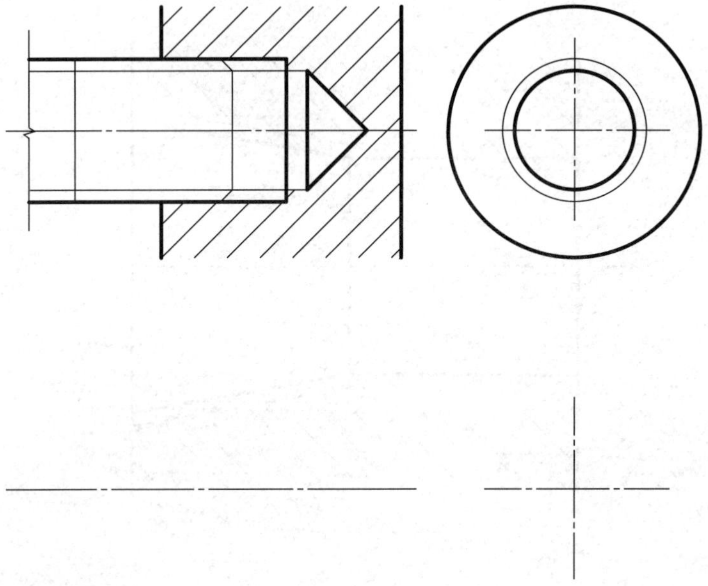

6.

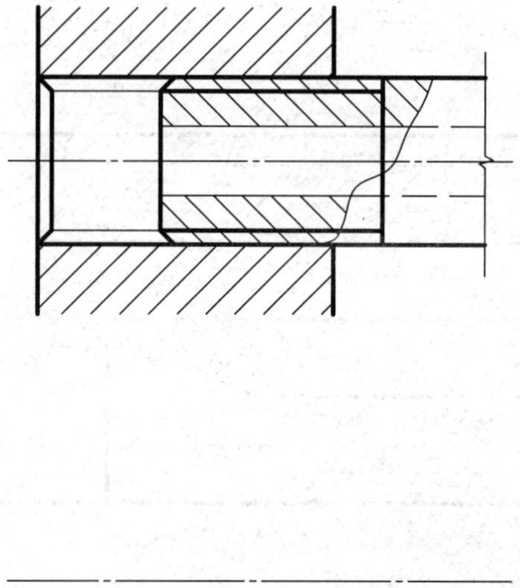

6-1 螺纹及其画法(续)(标注螺纹代号)

7. 粗牙普通螺纹,大径为30mm,右旋,中径和顶径公差带代号均为6g,中等旋合长度。

8. 细牙普通螺纹,大径为30mm,螺距为2mm,左旋,中径和顶径公差带代号均为6H,中等旋合长度。

9. 梯形螺纹,公称直径为44mm,螺距为7mm,双线,左旋,中径公差带代号为7e,中等旋合长度。

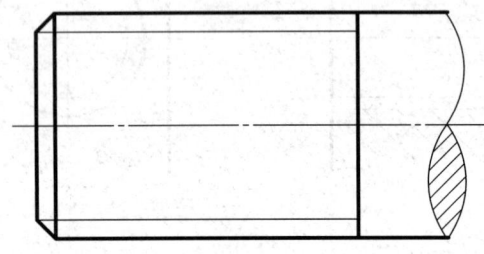

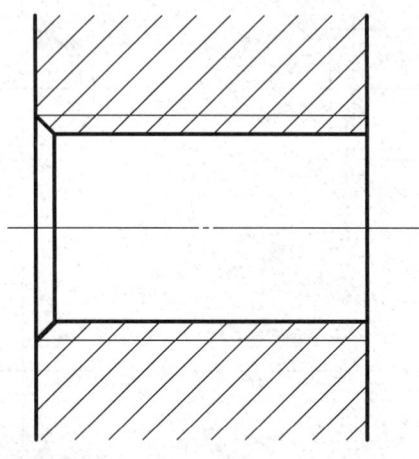

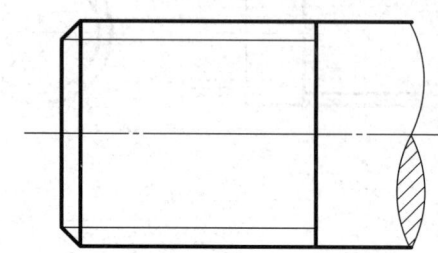

10. 55°非密封管螺纹,尺寸代号为1/2,公差等级为A级,左旋。

11. 55°密封管螺纹,尺寸代号为1/2,左旋。

12. 55°非密封内管螺纹,尺寸代号为1/2,右旋,与B级外管螺纹联接。

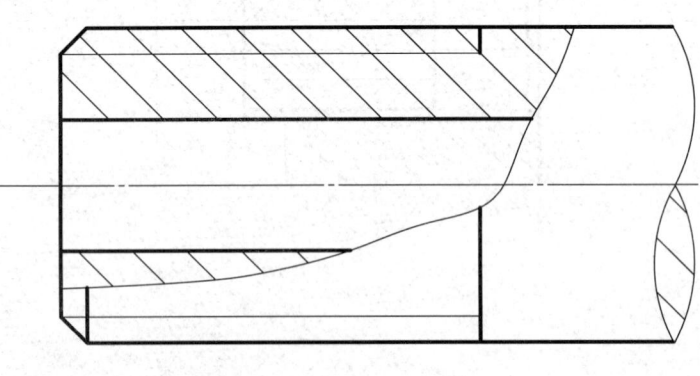

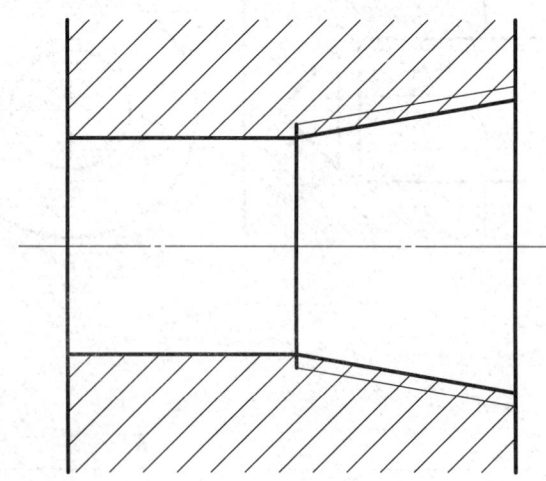

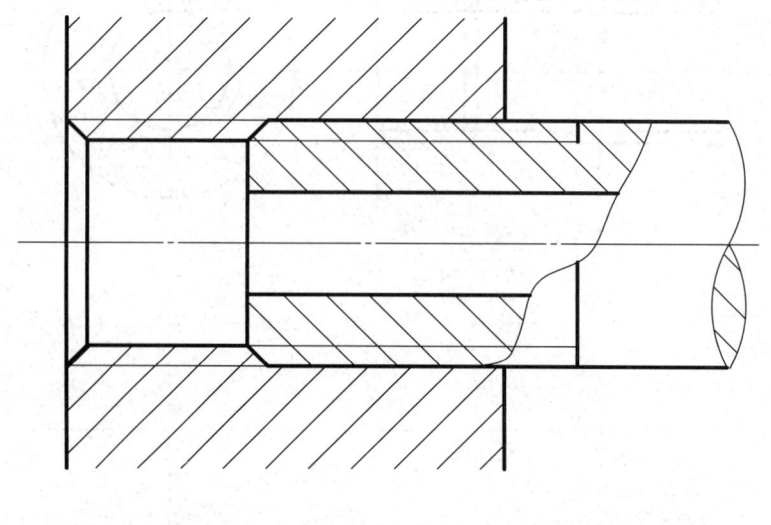

6-2 常用螺纹紧固件(分析螺纹紧固件联接画法的错误并画出正确的图形)

1.

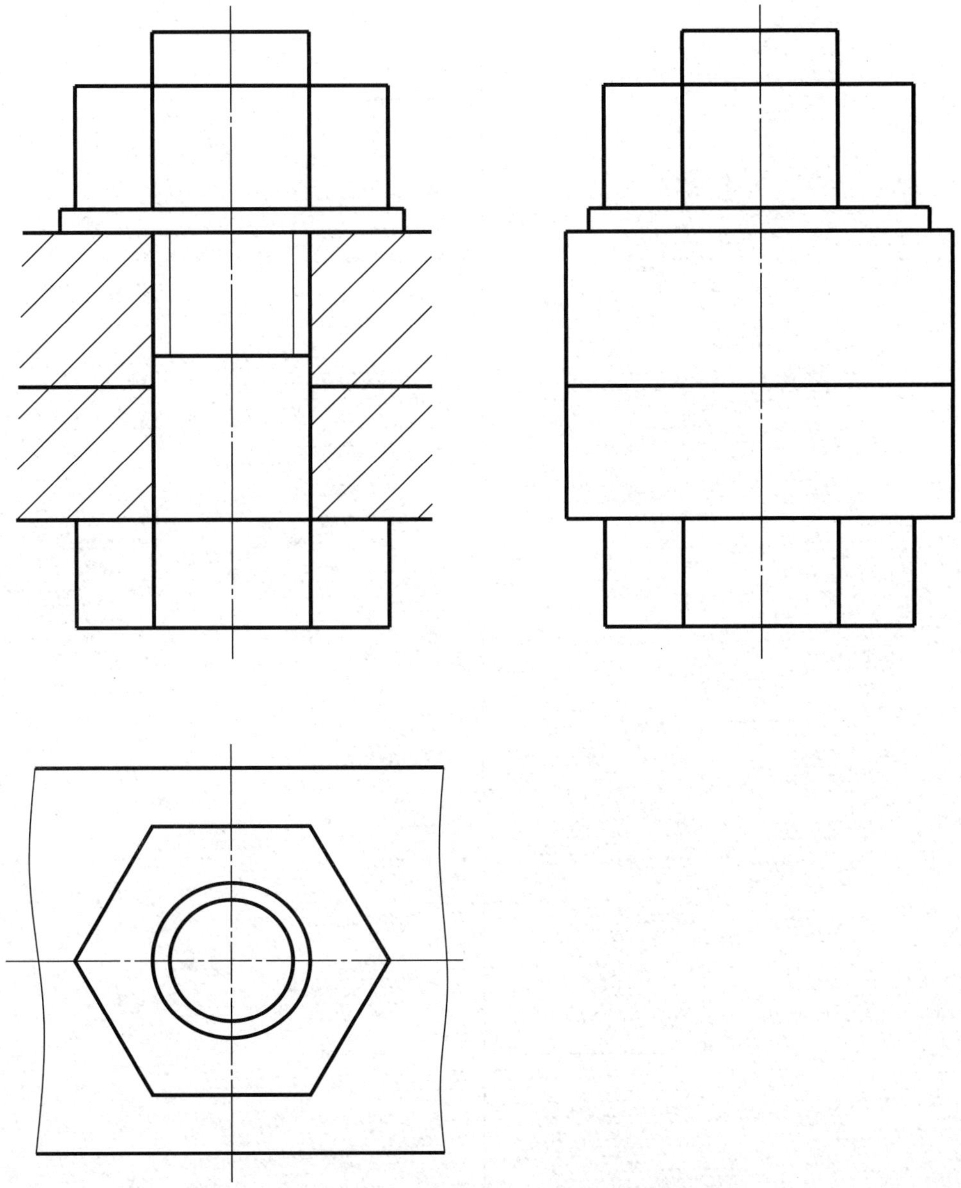

6-2 常用螺纹紧固件(续)(分析螺纹紧固件联接画法的错误并画出正确的图形)

2.

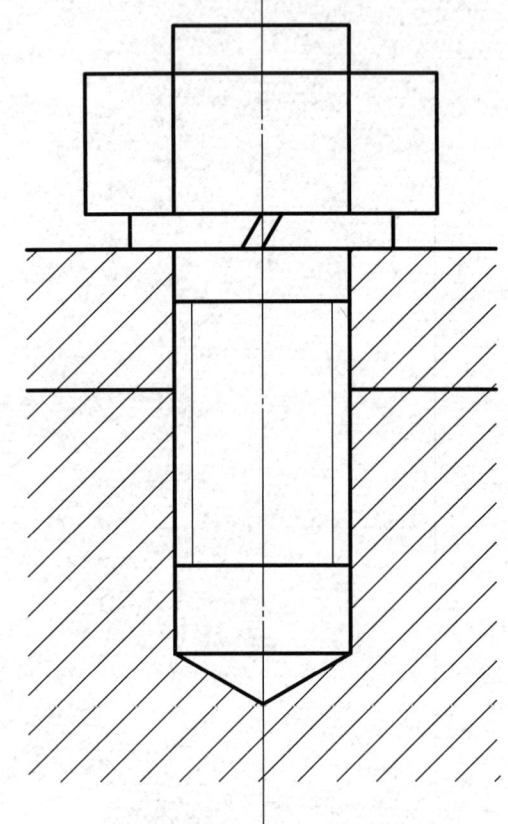

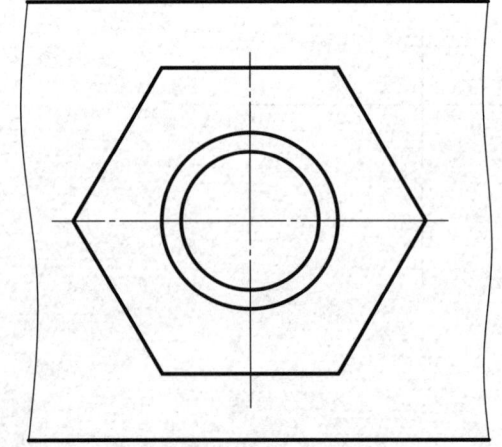

6-2 常用螺纹紧固件(续)(分析螺纹紧固件联接画法的错误并画出正确的图形)

3.

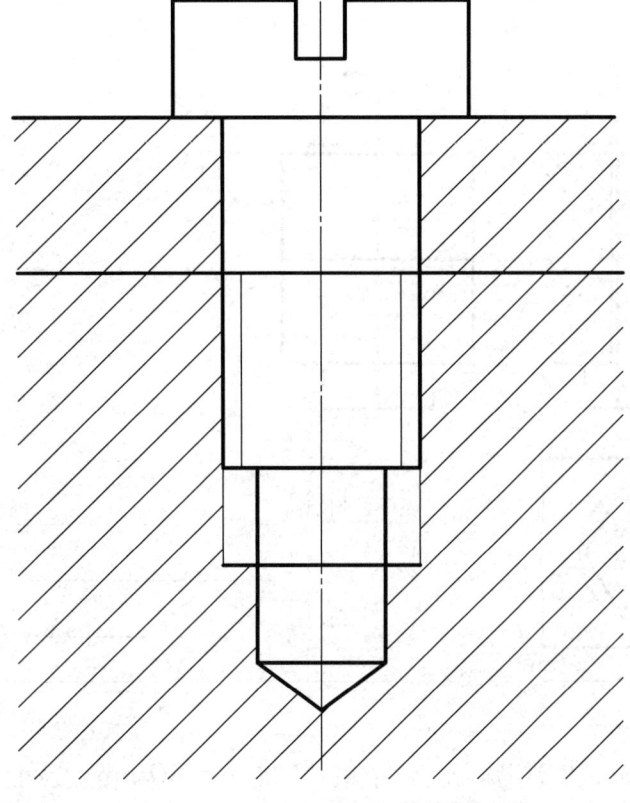

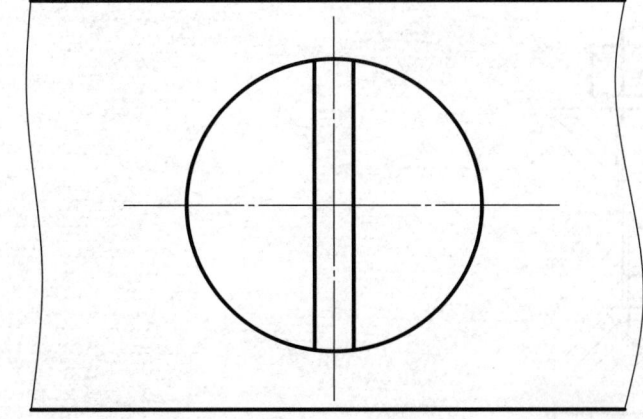

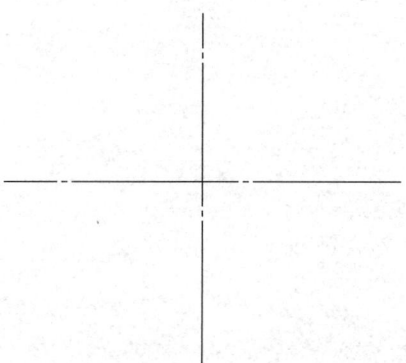

6-2 常用螺纹紧固件(续)(螺纹紧固件联接)

4. 螺纹紧固件联接图纸作业指导书

一、作业目的

通过绘图实践,掌握螺纹紧固件联接的画法及螺纹紧固件的查表、选用和标注方法。

二、作业内容和要求

1) 画螺栓及螺柱的联接图,标注主要尺寸,并对螺纹紧固件作规定标注。
2) 根据比例关系计算出螺栓(螺柱)的长度,查表选取标准值,确定螺纹紧固件的标记。
3) 采用比例画法绘图,螺纹紧固件可以采用简化画法。
4) 两组图形中,应标注主要尺寸(d、δ_1、δ_2、δ、l、b_m)的数值。
5) 在图形右下方写出螺纹紧固件的规定标记。

三、作业提示

1) 应合理布置两组图形,并考虑尺寸标注的位置,两组图形间不画分隔线。
2) 注意装配图中相邻零件的规定画法,以及螺纹旋合处的规定画法。
3) 螺栓和螺柱的公称长度 l 计算后应查表选取标准值,螺柱旋入端长度应根据零件的材料选取。
4) 零件的螺纹孔深度和钻孔深度应按比例关系绘制。
5) 先画底稿后加深,标注主要尺寸,并填写螺纹紧固件的规定标记。
6) 填写标题栏。

---

(1) 螺栓联接

螺纹规格 $d=20$mm,两个被联接件的厚度 $\delta_1=\delta_2=30$mm,配套用六角头螺栓、六角螺母、平垫圈均为 A 级。

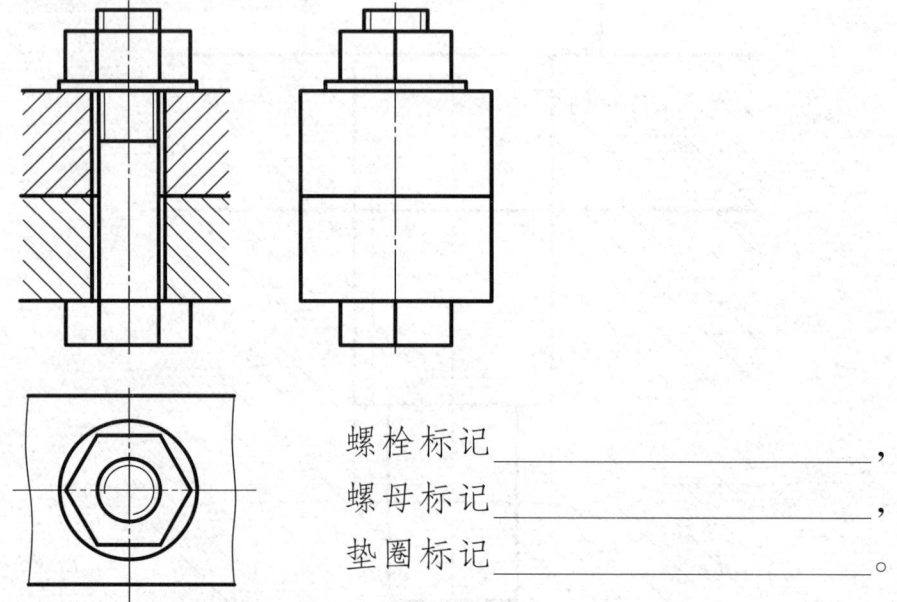

螺栓标记_____,
螺母标记_____,
垫圈标记_____。

(2) 螺柱联接

螺纹规格 $d=20$mm,上部被联接件的厚度 $\delta=30$mm,配套用 A 型螺柱、标准弹簧垫圈和 1 型 A 级六角螺母,被联接件材料为 45 钢。

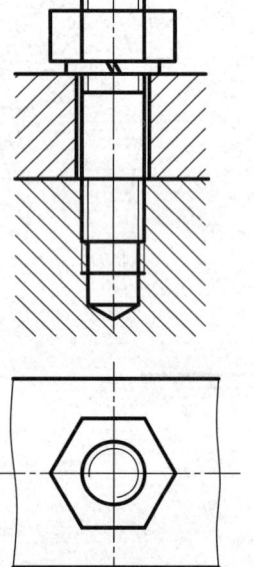

螺柱标记_____,
螺母标记_____,
垫圈标记_____。

6-3 齿轮

1. 已知直齿圆柱齿轮的模数 $m=3$mm，齿数 $z=25$，试计算该齿轮各部分的尺寸。按 1:1 的比例完成两视图中轮齿部分的投影，并标注尺寸。

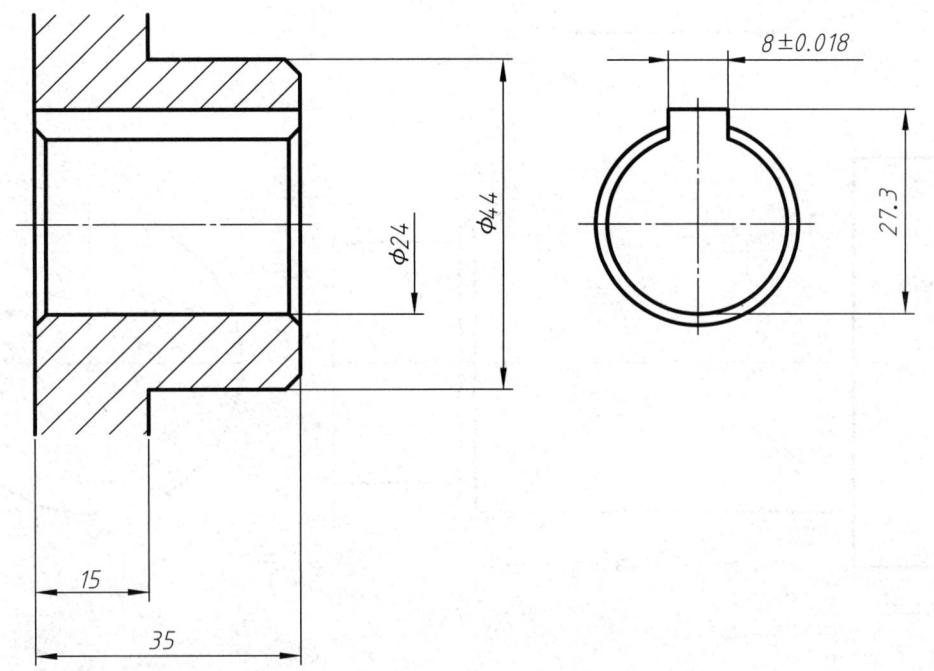

2. 已知齿轮齿数 $z_1=24$，$z_2=46$，两齿轮中心距 $a=70$mm，计算大、小齿轮的主要尺寸，并完成两直齿圆柱齿轮的啮合图。

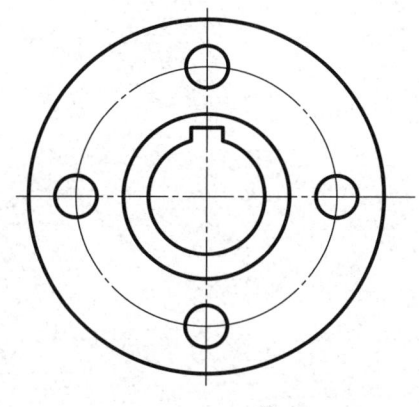

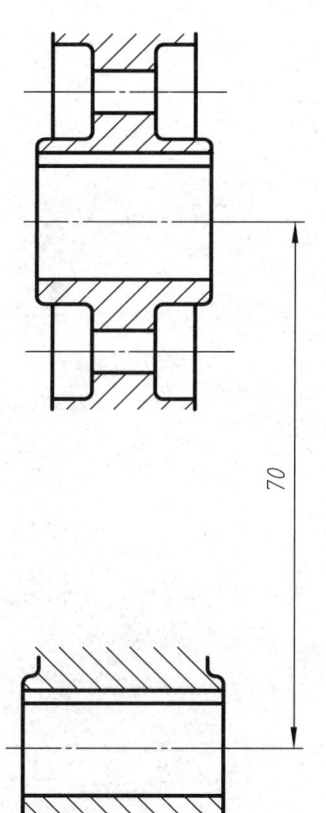

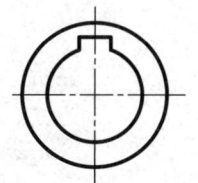

6-4 键和销(一) 键联接

1. 已知齿轮和轴用 A 型普通平键联接,轴孔直径为 40mm,键的长度为 40mm。写出键的规定标记,查表确定键及键槽的尺寸,按比例完成题(1)、(2)中键槽的图形,并标注键槽尺寸。

键的规定标记:_____。

2. 完成题(3)齿轮与轴的联接装配图。

(1)

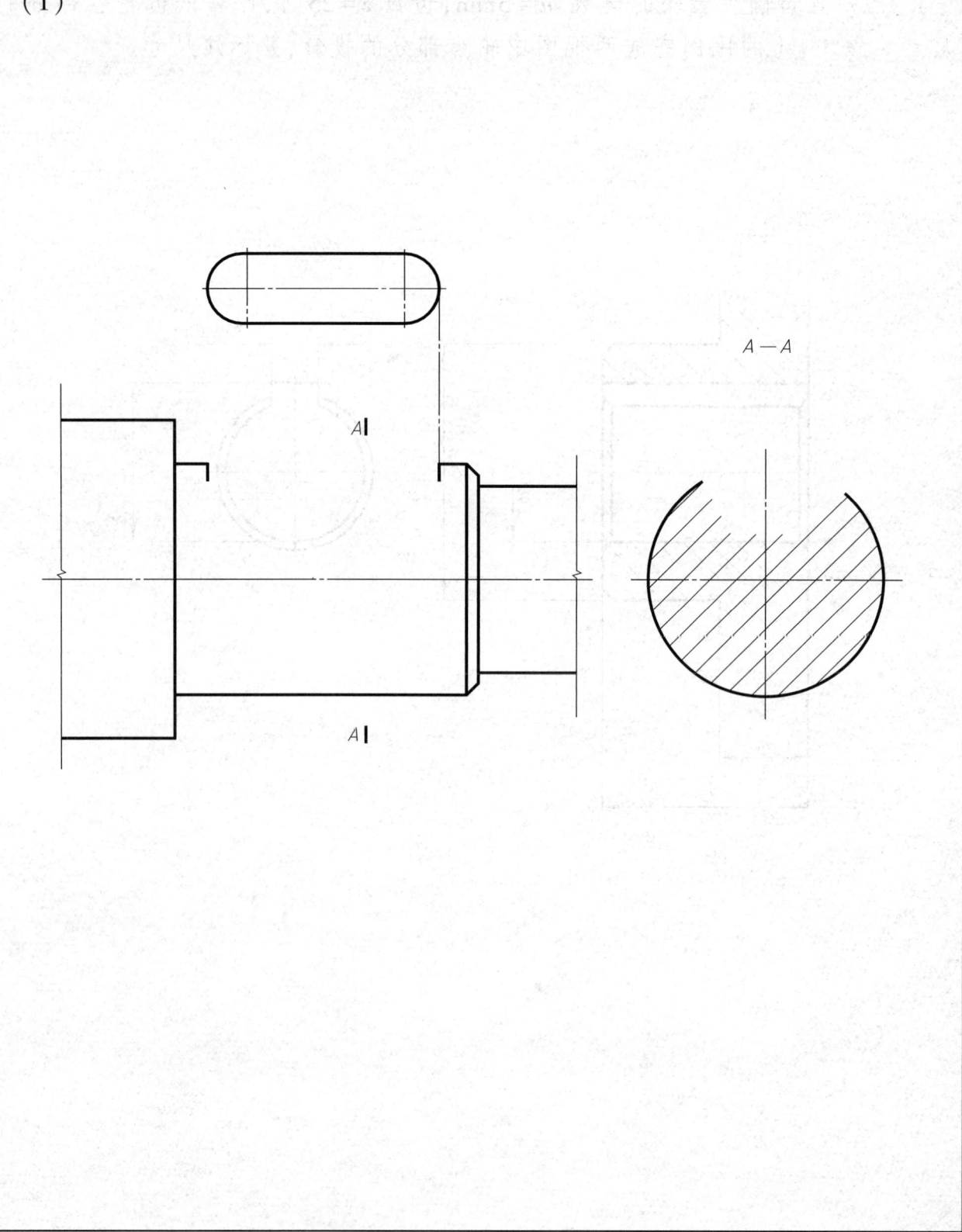

6-4 键和销（一） 键联接（续）

(2)

(3)

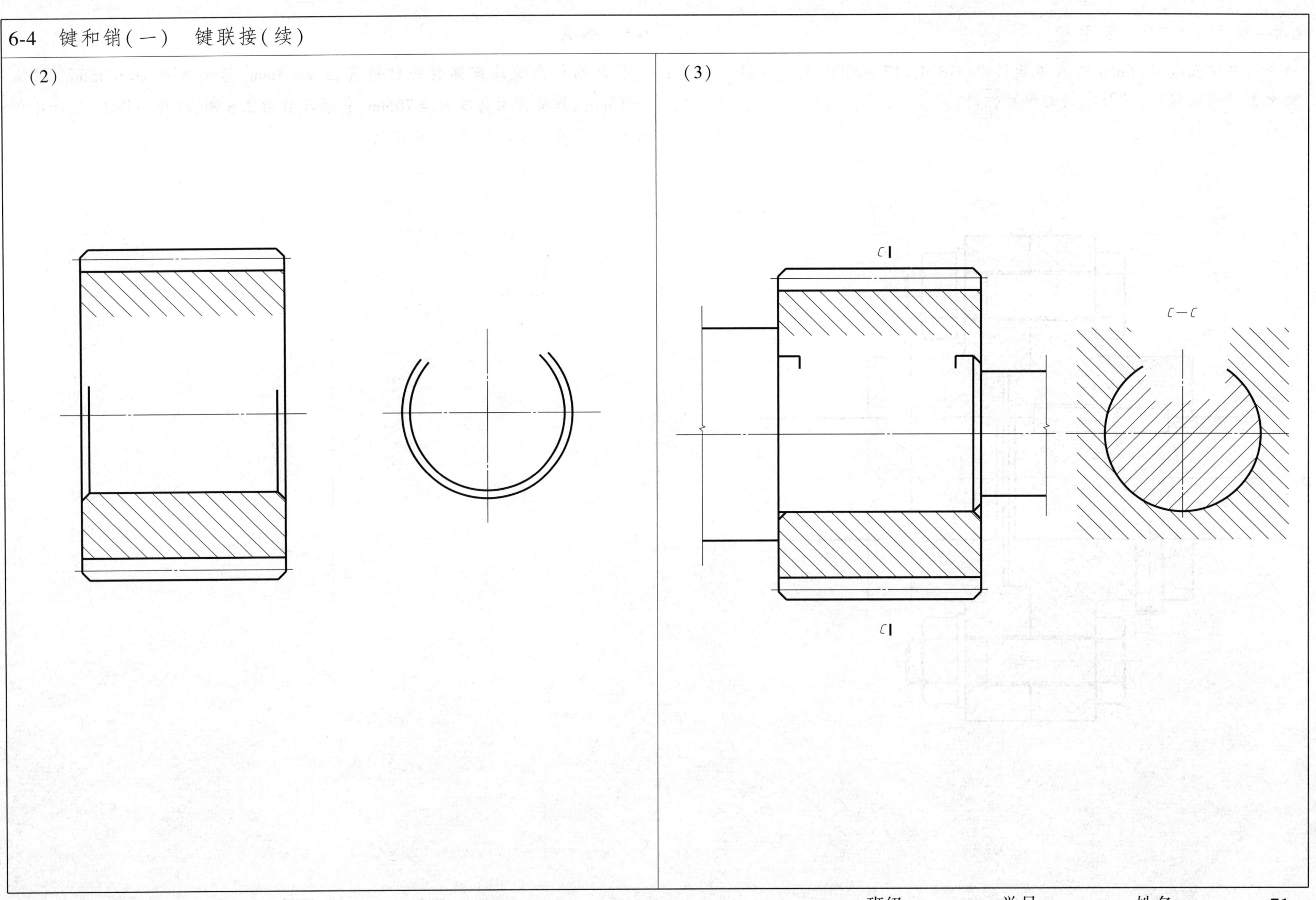

6-4 键和销（二） 销联接

选用公称直径 $d=6$ mm 的 A 型圆锥销（GB/T 117—2000）进行联接，按 1∶1 的比例补画联接图，并写出销的规定标记。

销的规定标记：_____。

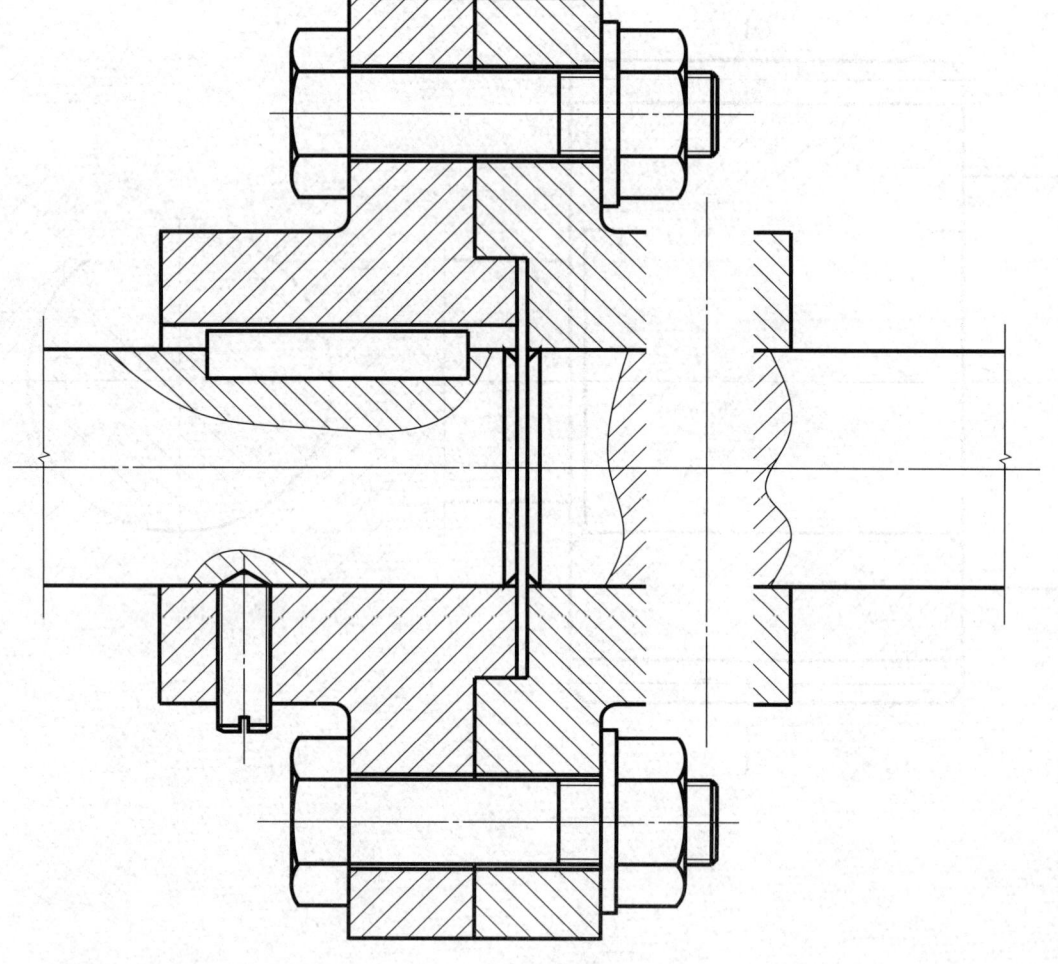

6-5 弹簧

已知圆柱螺旋压缩弹簧的材料直径 $d=5$ mm，弹簧外径 $D_2=45$ mm，节距 $t=10$ mm，弹簧自由高度 $H_0=70$ mm，支承圈数为 2.5 圈，右旋。按 1∶1 的比例绘制该弹簧的全剖视图，并标注尺寸。

6-6 滚动轴承

1. 滚动轴承的标记代号为"滚动轴承 6205 GB/T 276—2013",查表确定相关尺寸。用规定画法,按1∶1的比例在轴端画出该滚动轴承的图形。

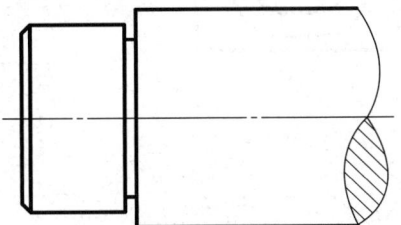

该轴承是_____轴承,尺寸系列代号为_____,其内径为_____mm,外径为_____mm,宽度为_____mm。

2. 滚动轴承的标记代号为"滚动轴承 30205 GB/T 297—2015",查表确定相关尺寸。用规定画法,按1∶1的比例在轴端画出该滚动轴承的图形。

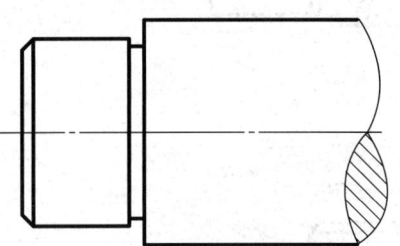

该轴承是_____轴承,尺寸系列代号为_____,其内径为_____mm,外径为_____mm,宽度为_____mm。

项目7 零件图知识的学习与应用

7-1 零件图上的尺寸标注（轴承盖与轴承座相配合。选择合适的尺寸基准，标注完整的零件尺寸。尺寸按 1∶1 的比例从图中量取，取整数）

1.

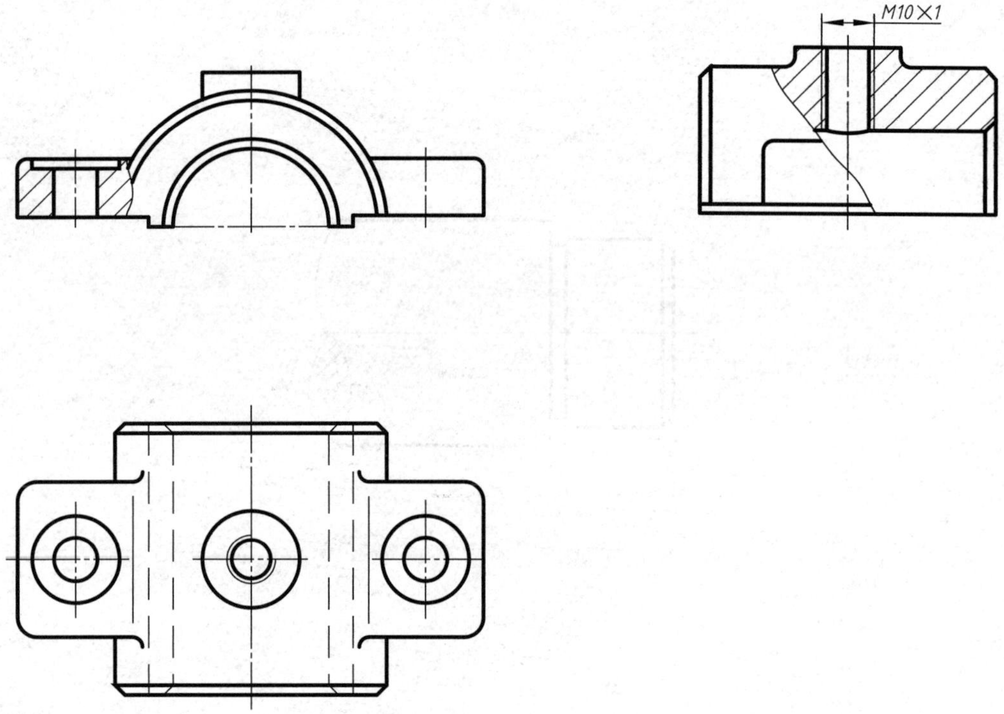

2.

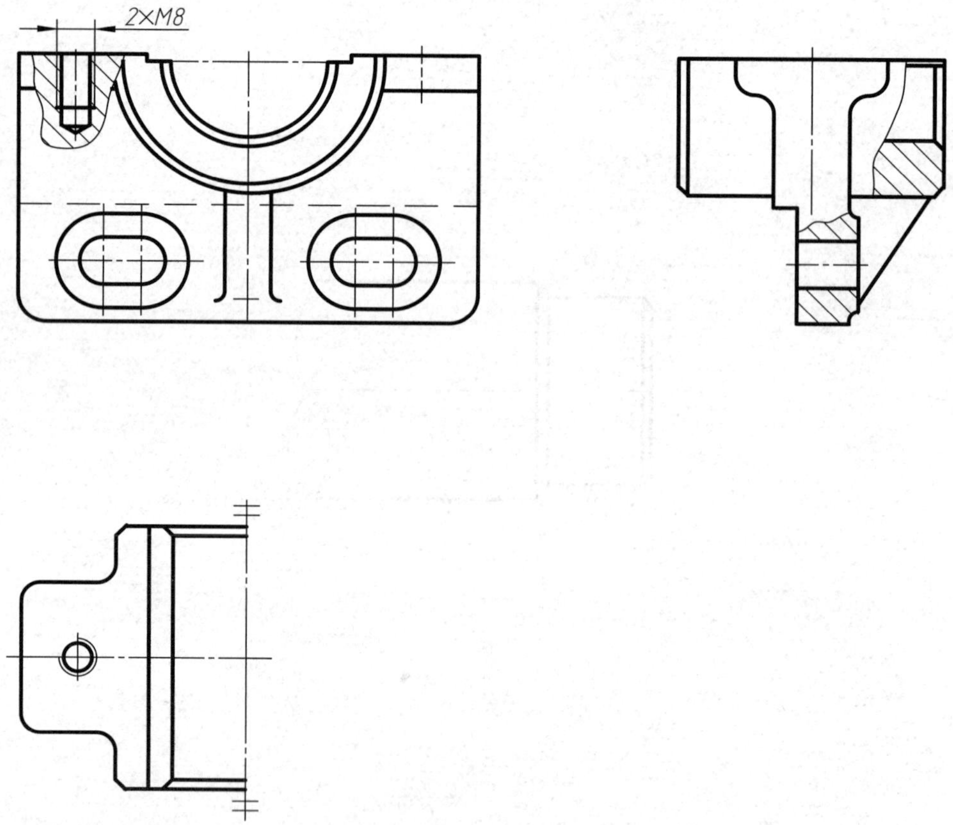

7-2 零件图上的技术要求标注

1. 根据给定要求，标注表面粗糙度：要求轮齿侧（工作侧面）为 $Ra0.8\mu m$，键槽双侧为 $Ra1.6\mu m$，槽底为 $Ra6.3\mu m$，轴孔和两端面为 $Ra3.2\mu m$，其余为 $Ra12.5\mu m$。

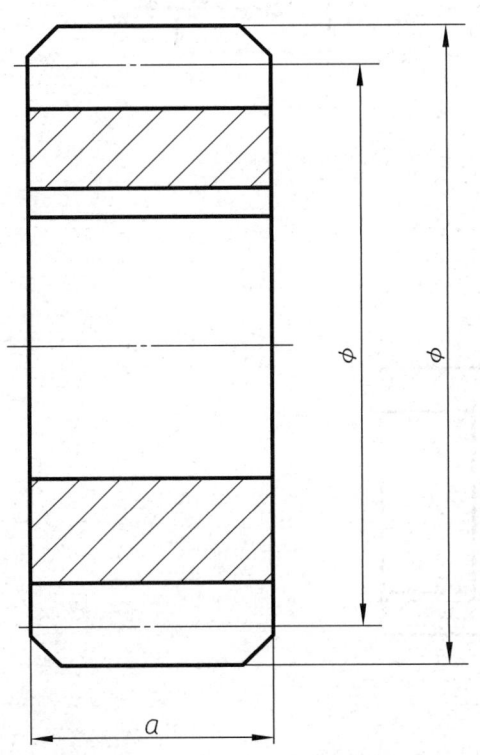
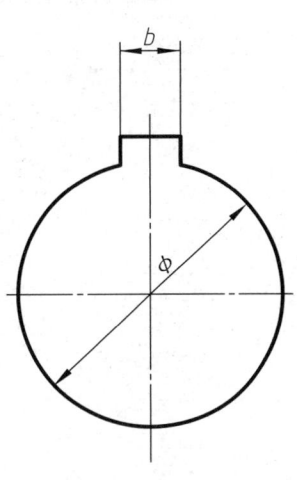

2. 根据给定要求，标注表面粗糙度：要求孔为 $Ra3.2\mu m$，底面为 $Ra12.5\mu m$，其余表面均为铸造表面。

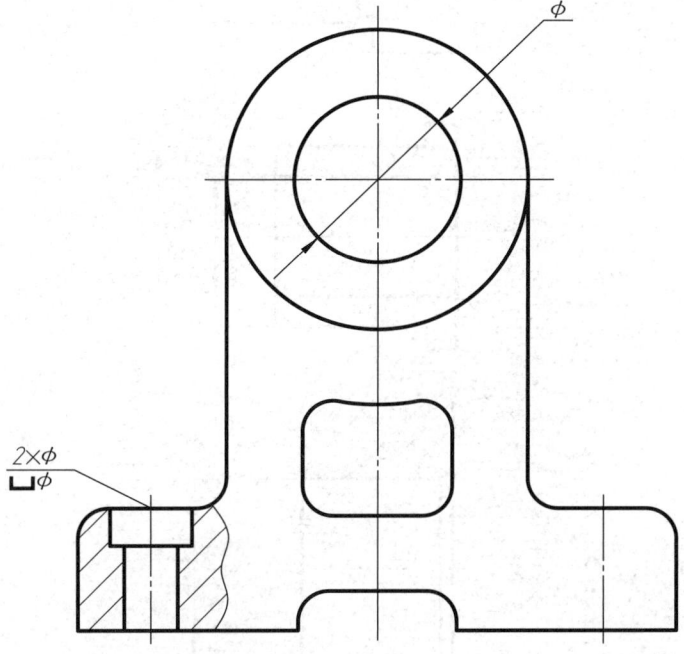

7-2 零件图上的技术要求标注(续)

3. 根据零件图①、②、③，查表确定装配图④的配合尺寸，并说明配合类型。

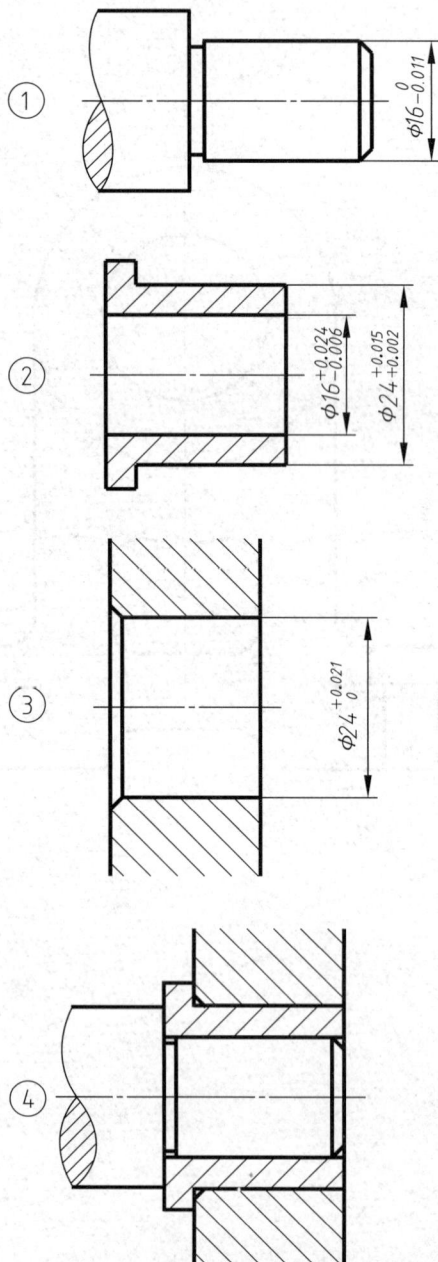

4. 滑块与导轨的公称尺寸是24mm，采用基孔制间隙配合，标准公差等级均为IT7，滑块的基本偏差代号为f。在装配图①中标注滑块与导轨的配合尺寸，并分别在零件图②、③上标注公称尺寸、公差带代号及极限偏差数值。

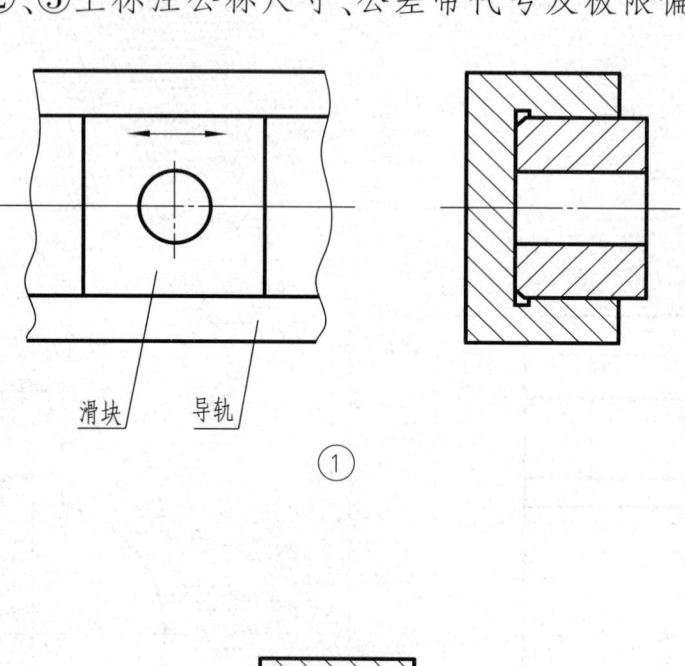

滑块   导轨

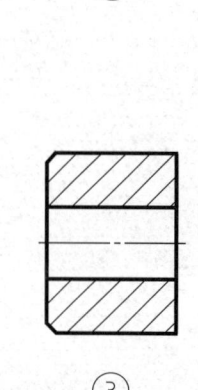

7-2　零件图上的技术要求标注(续)

5. 根据装配图①中的配合代号,查表得极限偏差值,分别标注在零件图②、③、④上,并填空。

1) 尺寸 $\phi 10 \dfrac{F8}{h7}$ 表示公称尺寸为_____的轮辐与轴的基__制配合。

公差等级:轴 IT __,孔 IT __。

轮辐:上极限偏差_____,下极限偏差_____。

轴:上极限偏差_____,下极限偏差_____。

2) 尺寸 $\phi 10 \dfrac{K7}{h7}$ 表示公称尺寸为_____的轴承座与轴的基__制配合。

公差等级:轴 IT __,孔 IT __。

轴承座:上极限偏差_____,下极限偏差_____。

轴承座与轴是_____配合。

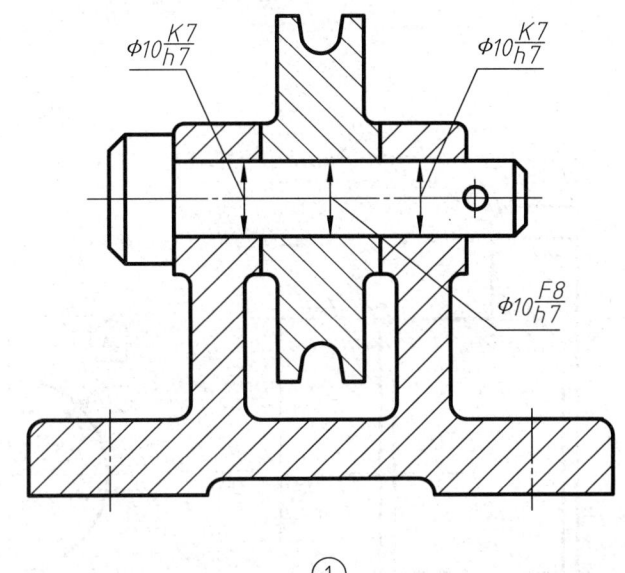

①

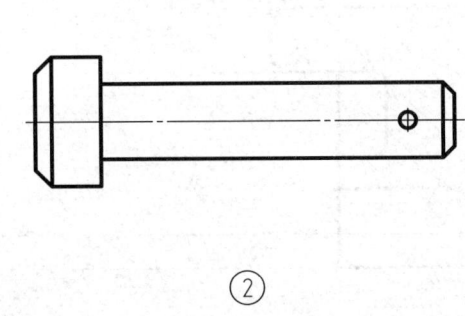

②

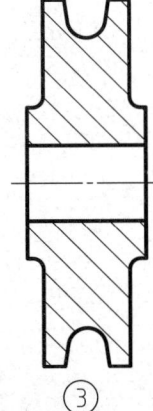

③

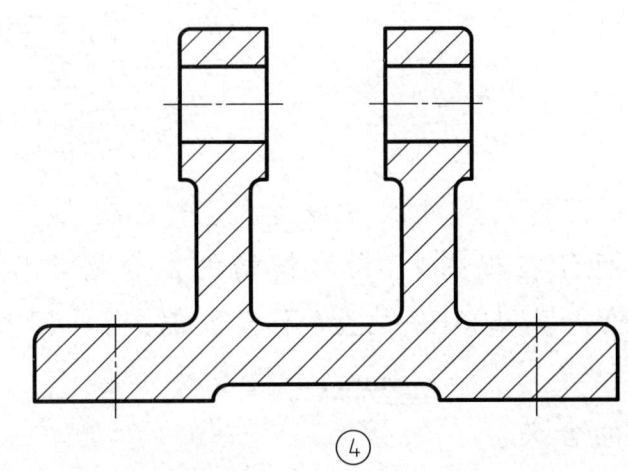

④

7-2 零件图上的技术要求标注(续)

6. 补画视图,并填空。

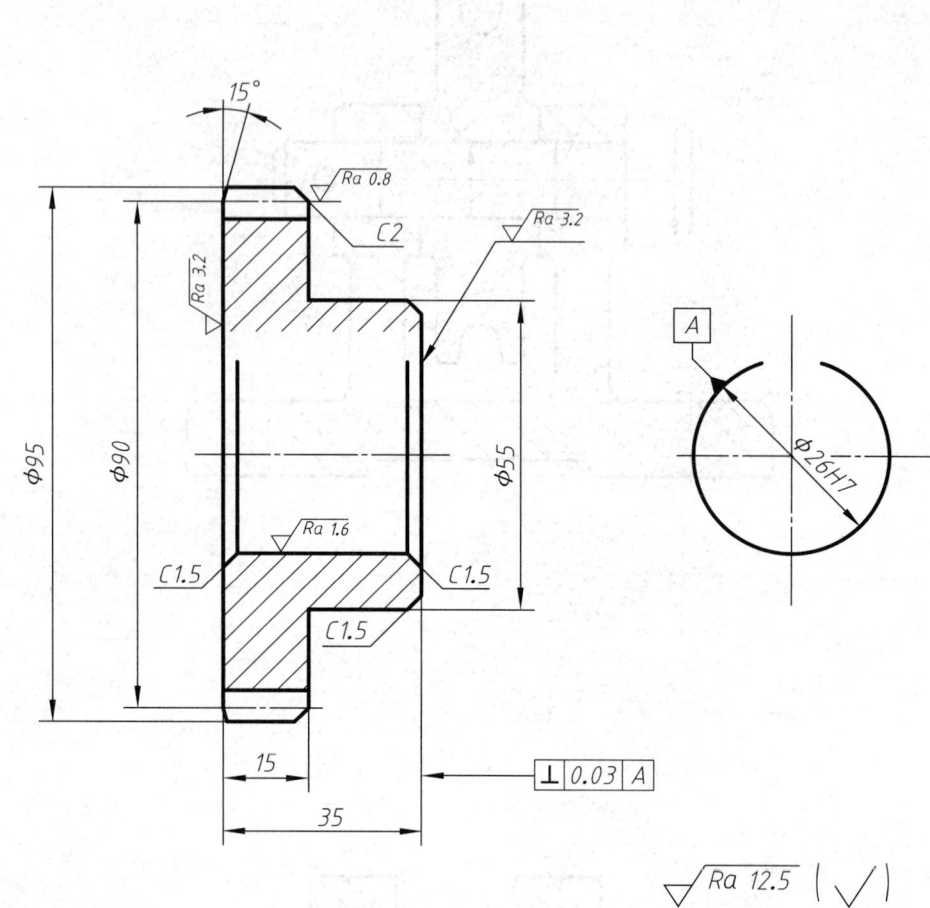

(1)查表确定内孔键槽的尺寸及其偏差,完成主视图和局部视图,并将键槽的尺寸和极限偏差标注在视图上(键和键槽的配合松紧程度一般)。

(2)查表确定齿轮内孔 φ26H7 的上、下极限偏差,并回答:
内孔的上极限尺寸是_____mm,下极限尺寸是_____mm。

(3)解释 ⊥ 0.03 A 的含义:
被测要素为_____,基准要素为_____,公差项目为_____,公差值为_____。

7. 将文字说明的几何公差标注在图上:

(1)φ49mm 右端面对 φ38mm 内孔中心线的圆跳动公差为 0.04mm。

(2)φ84mm 外圆对 φ38mm 内孔中心线的圆跳动公差为 0.016mm。

(3)左端面对右端面的平行度公差为 0.03mm。

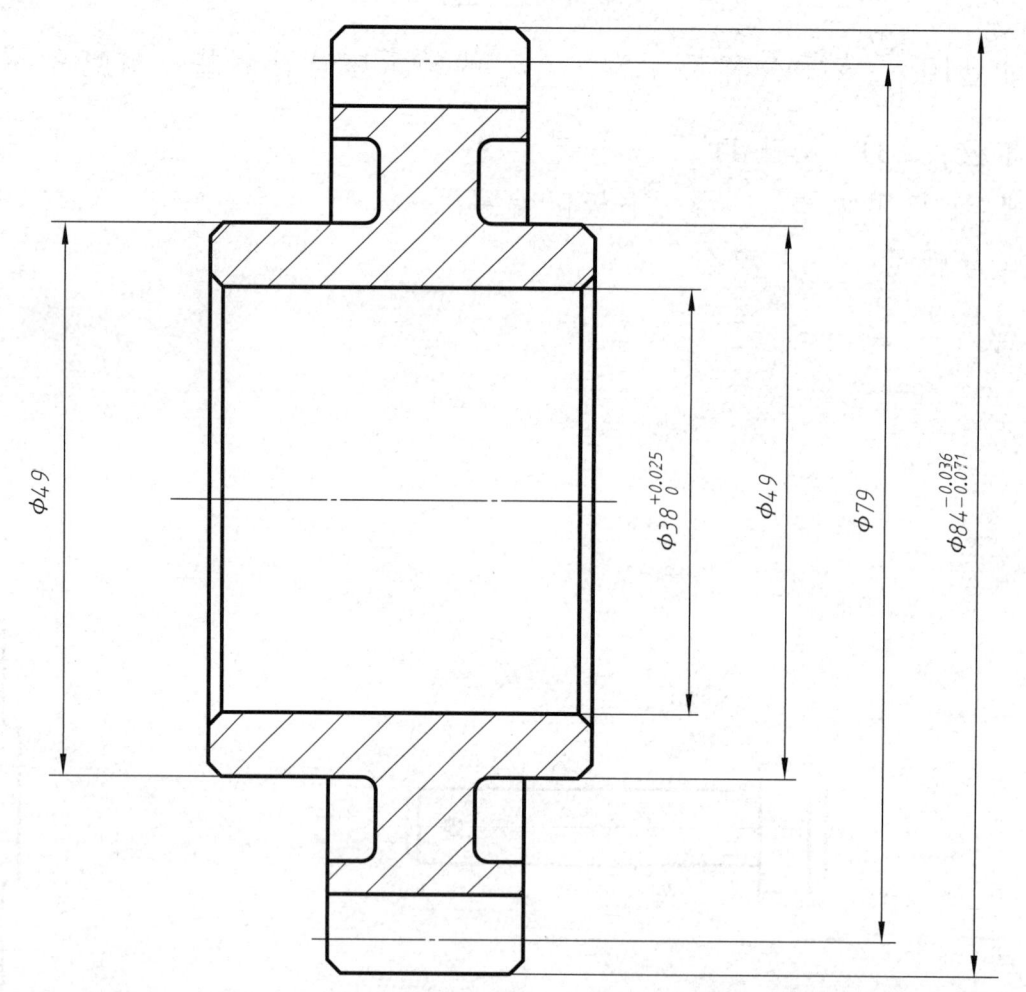

7-3 读零件图(一) （读零件图,回答附页一提出的问题）

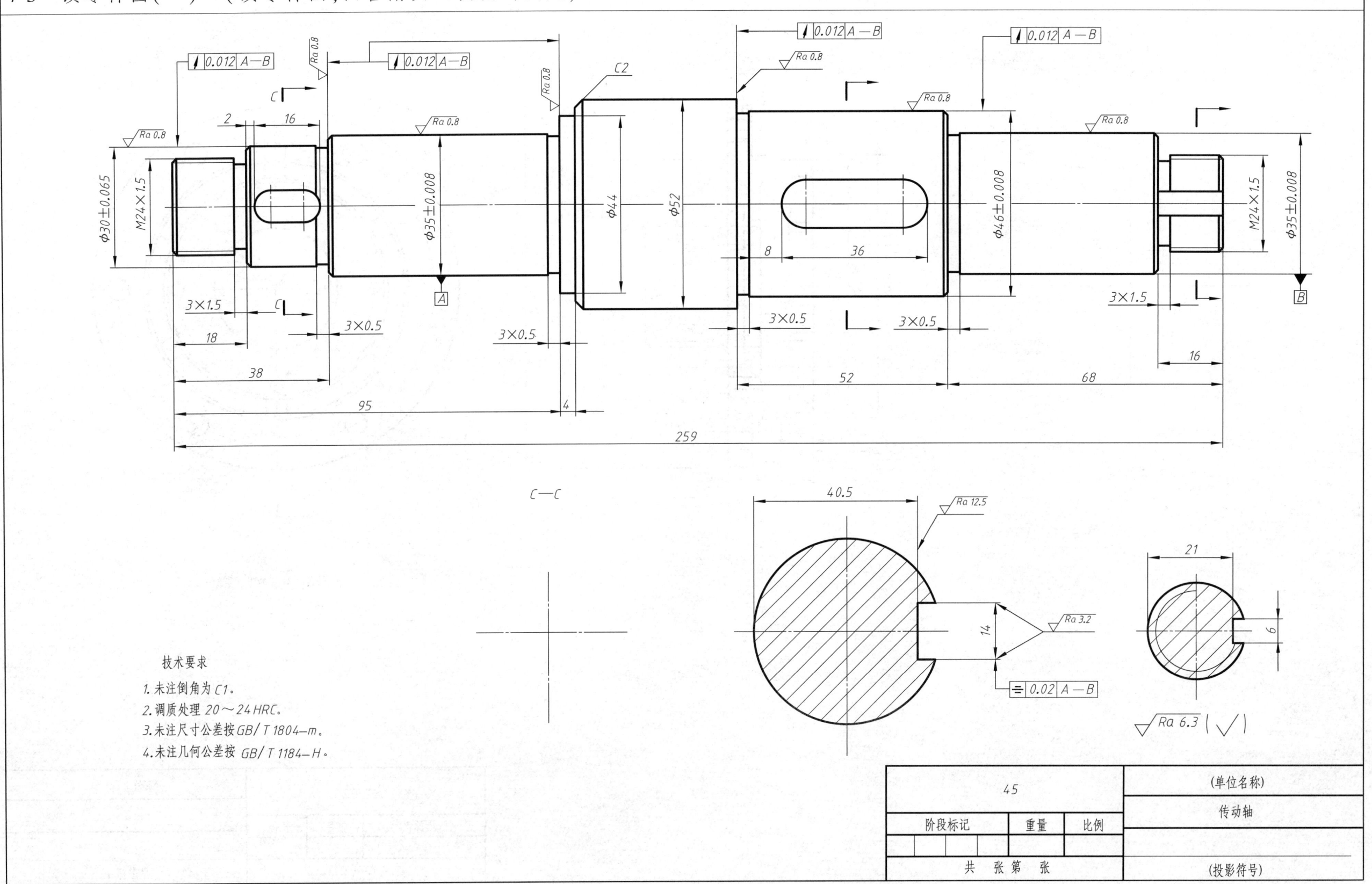

7-3 读零件图(二) （读零件图,回答附页二提出的问题）

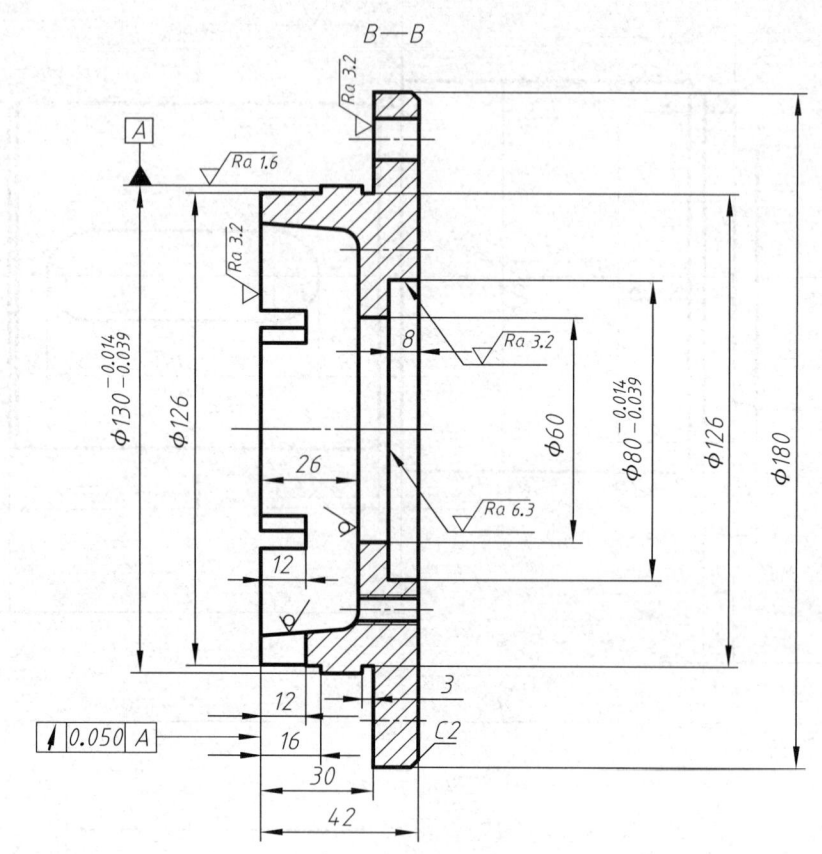

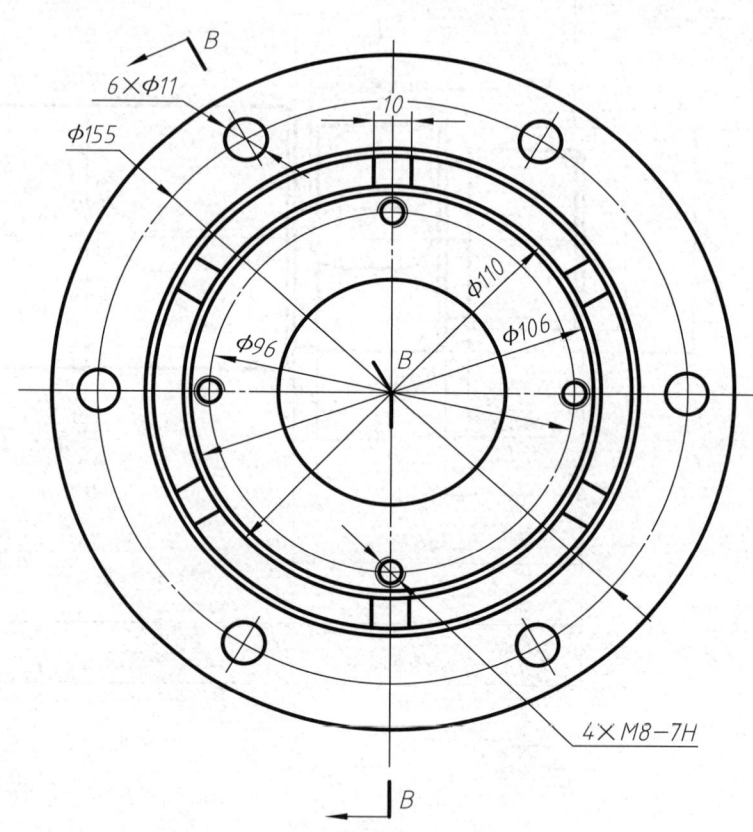

技术要求
铸件不得有砂眼、裂纹。

HT200
端盖

附页一

读零件图(一),回答下列问题:
1. 该零件的名称为＿＿＿＿,材料为＿＿＿＿,其钢种为＿＿＿＿钢。
2. 该零件的结构用了＿＿个图形来表达,一个主视图,另外几个图形属于＿＿＿＿图。
3. 图中 3×0.5 的含义是＿＿＿＿＿＿。
4. 零件上表面粗糙度最高的要求为＿＿＿＿＿＿,最低的要求为＿＿＿＿＿。
5. 在图上指出该零件轴向的尺寸基准和径向的尺寸基准。
6. 找出该零件上的所有定位尺寸。
7. $\boxed{= | 0.02 | A-B}$ 表示被测要素为＿＿＿＿,基准要素为＿＿＿＿,公差项目为＿＿＿＿,公差值为＿＿＿＿。
8. $\boxed{/ | 0.012 | A-B}$ 表示被测要素为＿＿＿＿,基准要素为＿＿＿＿,公差项目为＿＿＿＿,公差值为＿＿＿＿。
9. 画出 C—C 断面图。

附页二

读零件图(二),回答下列问题:
1. 该零件采用了＿＿＿视图和＿＿＿视图两个基本视图来表达。主视图采用了＿＿＿＿剖视图,剖切方法为＿＿＿＿。
2. 该零件左端共有＿＿＿个槽,槽宽为＿＿＿＿,槽深为＿＿＿＿。
3. 端盖周围共有＿＿＿个圆孔,它们的直径为＿＿＿＿,定位尺寸为＿＿＿＿。
4. 图中 $\phi 130_{-0.039}^{-0.014}$ 表示公称尺寸为＿＿＿＿,上极限尺寸为＿＿＿＿,下极限尺寸为＿＿＿＿,上极限偏差为＿＿＿＿,下极限偏差为＿＿＿＿,公差为＿＿＿＿。
5. $\phi 130_{-0.039}^{-0.014}$ 外圆柱面的表面粗糙度 Ra 值为＿＿＿＿,表面粗糙度要求较高是因为该表面是＿＿＿＿。
6. $\boxed{/ | 0.050 | A}$ 表示被测要素为＿＿＿＿,基准要素为＿＿＿＿,公差项目为＿＿＿＿,公差值为＿＿＿＿。
7. 在指定位置画出端盖右视图。

班级　　　学号　　　姓名

7-3 读零件图(三) （读零件图，回答附页三提出的问题）

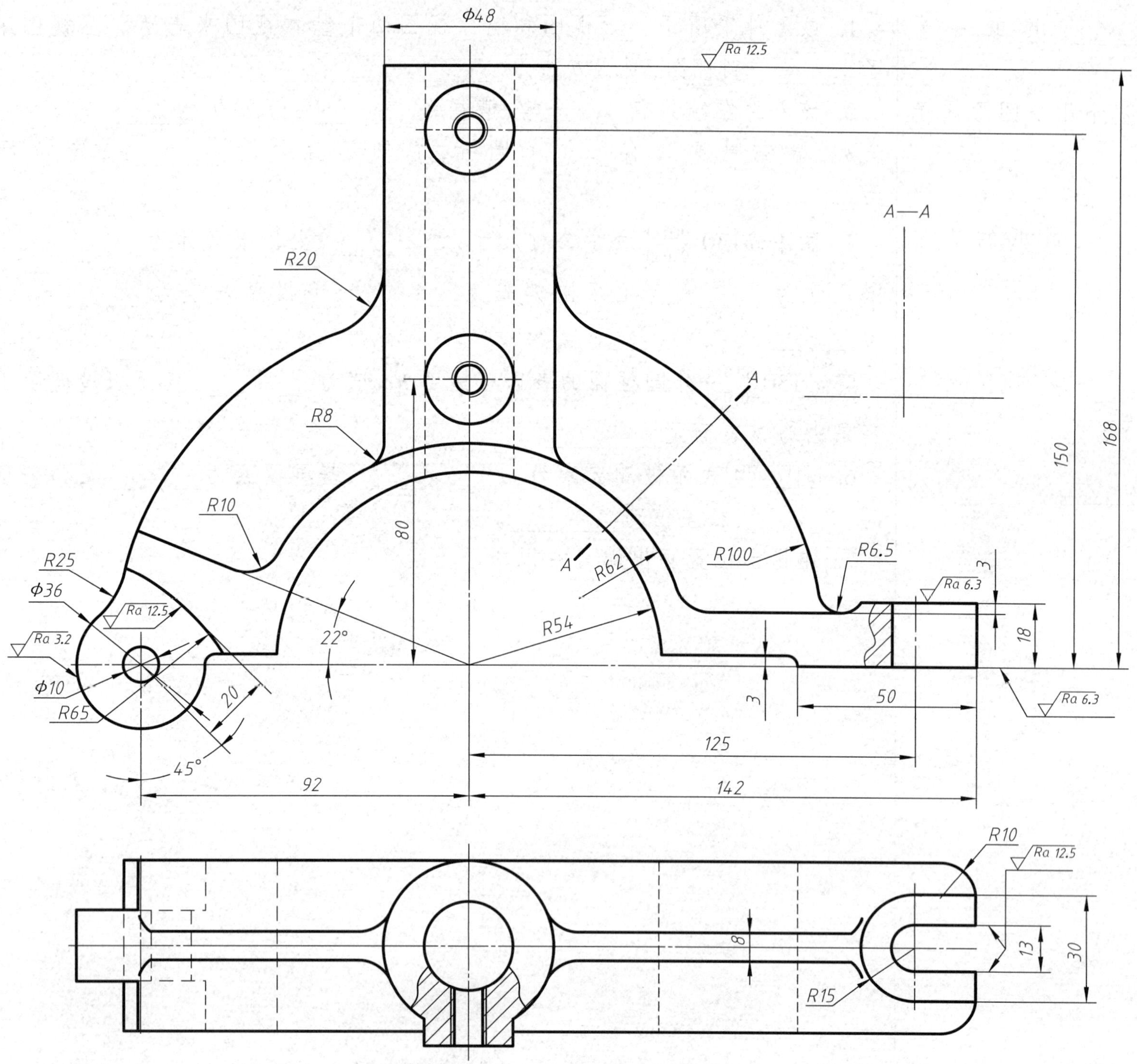

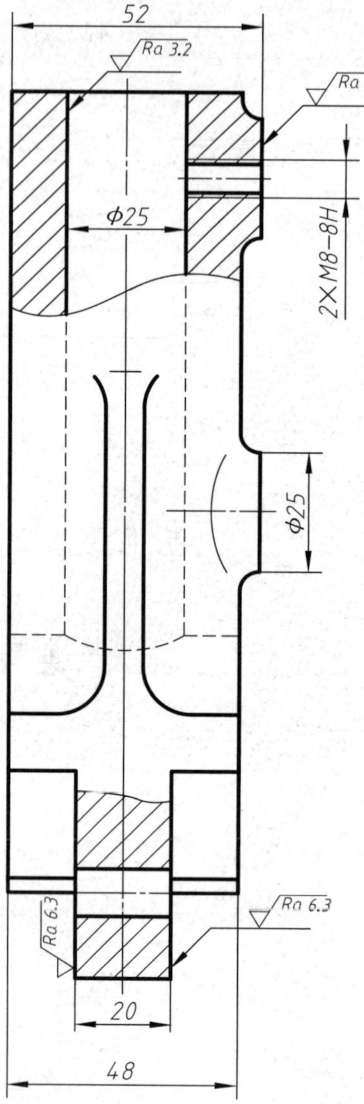

技术要求

未注圆角为 R3～R5。

HT150			(单位名称)
阶段标记	重量	比例	中心架盖
共 张 第 张			(投影符号)

班级　　　　学号　　　　姓名

7-3 读零件图(四) (读零件图,回答附页四提出的问题)

附页三

读零件图(三),回答下列问题:

1. 该零件用了_____个图形来表达结构,基本视图有_____个,连接部分 A—A 的断面形状为_____型。

2. 俯视图中部两个同心圆直径分别为_____、_____。

3. R54mm 所指表面粗糙度代号为_____,俯视图中两条虚线表示此孔为_____孔。

4. 该零件的外形尺寸:长为_____,宽为_____,高为_____。

5. 该零件最光滑的表面其表面粗糙度 Ra 值为_____ μm,有_____处。

6. 用箭头和指引线在图中标出零件长、宽、高三个方向的尺寸基准。

7. 主视图中,125mm、80mm 属于_____尺寸,R100mm、R54mm 属于_____尺寸(定形/定位)。

8. 在指定位置画出 A—A 移出断面图。

附页四

读零件图(四),回答下列问题:

1. 该零件用了_____个图形来表达结构,属于基本视图的有_____图和_____图,C—C 为_____剖视图,D 为_____图,B—B 为_____图。

2. 箱体上共有____个螺孔,它们的尺寸分别是_____。

3. 该零件表面粗糙度要求最高的其代号为_____,要求最低的其代号为_____。

4. 该零件的外形尺寸:长为_____,宽为_____,高为_____。

5. 用箭头和指引线在图中标出该零件长、宽、高三个方向的尺寸基准。

6. 主视图中,20mm、28mm、46mm、56mm、66mm、234mm、166mm 各分别属于什么尺寸(定形/定位)?

7. 在适合的位置画出右视图。

项目8 装配图知识的学习与应用

8-1 画装配图(一) （根据旋塞阀的装配示意图和零件图,绘制装配图）

旋塞阀的示意图、功用和工作原理

旋塞阀是安装在管路中的一种液流开关装置,它通过两端的法兰盘和螺栓联接于管路中,它的特点是开关迅速。如图,旋塞1的通孔对准阀体5的管孔,此时为阀门开启状态,管路通畅;用扳手转动旋塞1,使之旋转90°,则旋塞将堵住阀体5的管孔,此时阀门处于关闭状态。为了使用方便,可在旋塞1的上端面做出开、关的记号。旋塞1的杆部与阀体5的上腔之间装有填料(石棉绳之类),装上填料压盖3,并拧紧螺栓2,即可将填料压紧,起到密封作用。

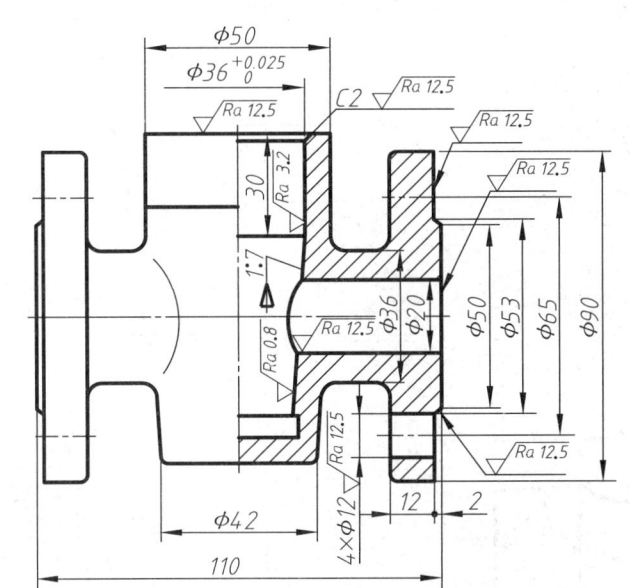

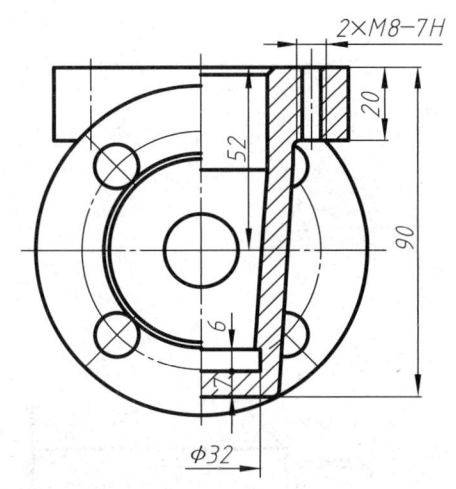

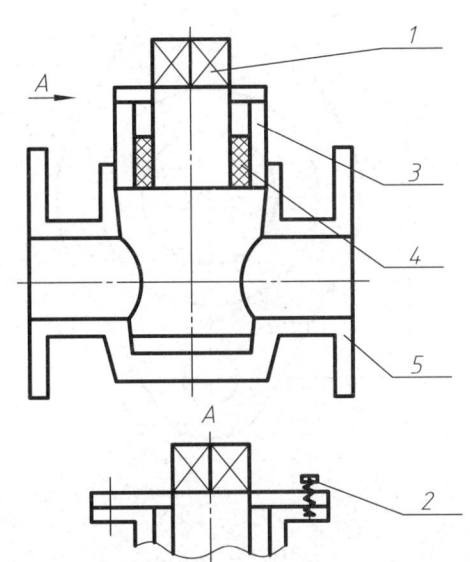

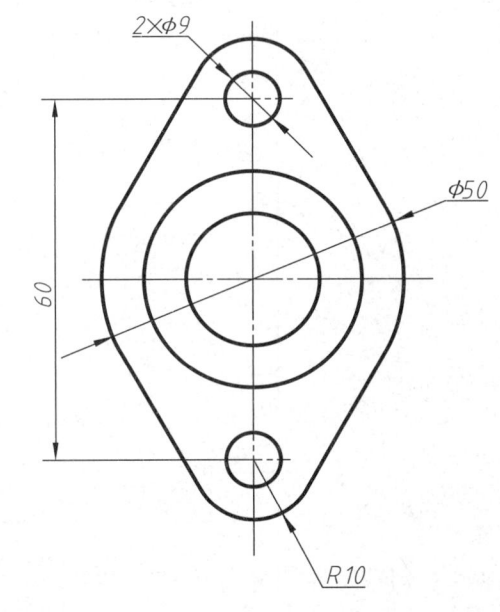

技术要求
未注圆角 R2～R3。

5	09-02-03	阀体	1	
4		填料	1	
3	09-02-02	填料压盖	1	
2	GB/T 5783—2016	螺栓 M8×30	2	
1	09-02-01	旋塞	1	
序号	代号	名称	数量	备注

旋塞阀　09-02-00　1:1

阀体　HT200　09-02-03　1:2

8-1 画装配图(一)(续) （根据旋塞阀的装配示意图和零件图，绘制装配图）

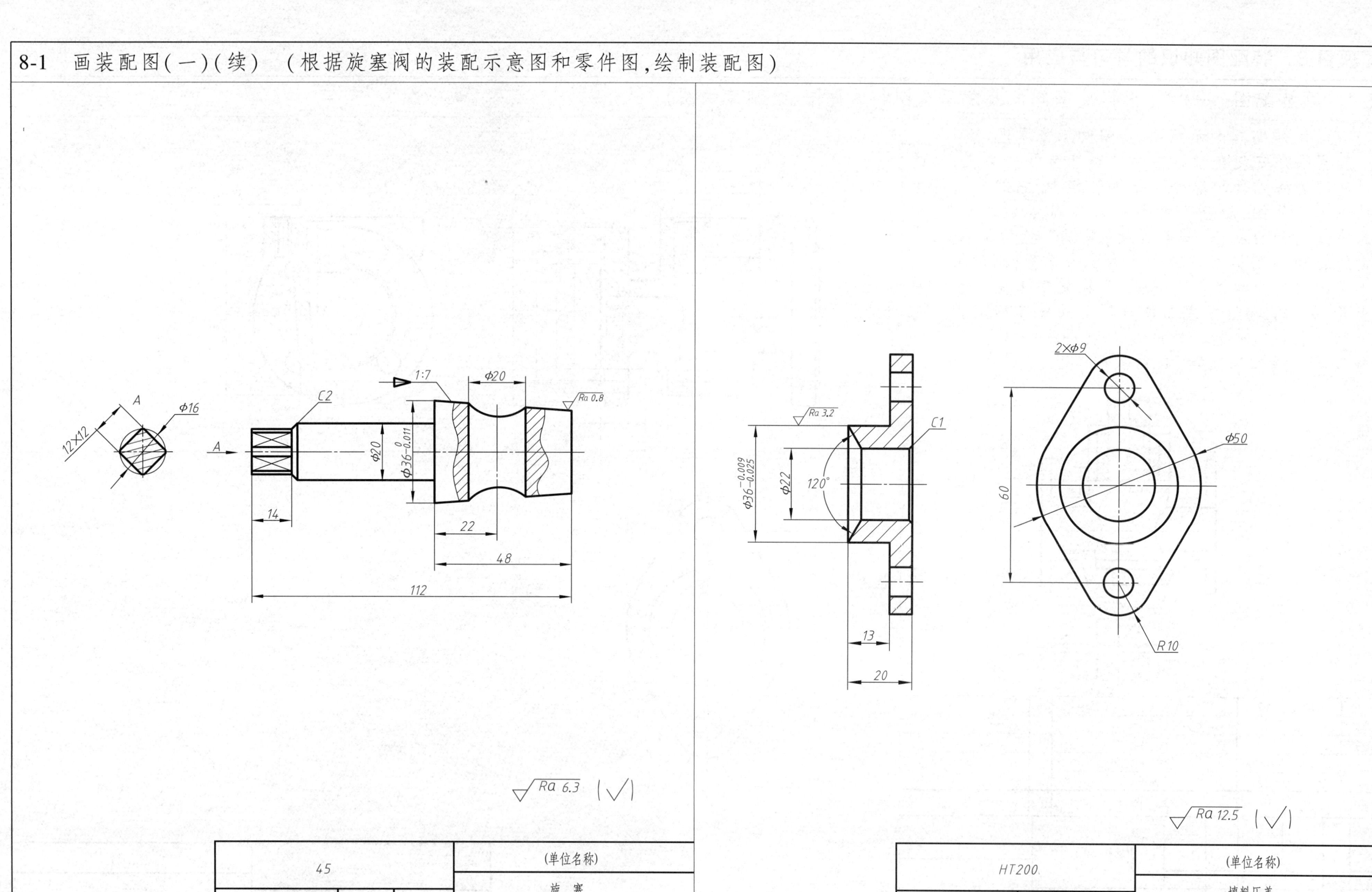

8-1 画装配图（二）（根据安全阀的装配示意图和零件图，绘制装配图）

安全阀的工作原理

安全阀是供油管路上的装置。在正常工作时，阀门2靠弹簧10的压力处在关闭位置，此时油从阀体右端孔流入，经阀体下部的孔进入导管。当导管中油压增高超过弹簧压力时，阀门被顶开，油就顺阀体左端孔经另一导管流回油箱，以保证管路的安全。

弹簧压力的大小靠螺杆9来调节，阀帽7用以保护螺杆免受损伤。阀门2两侧小孔用于快速溢流，以减少阀门运动时的背压。

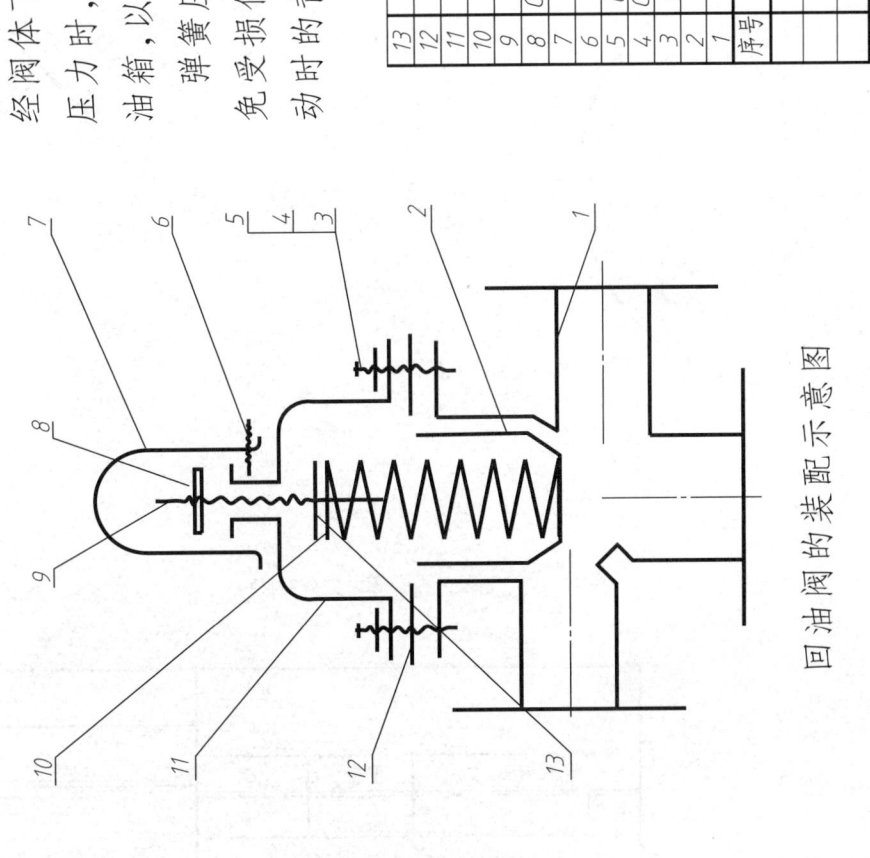

回油阀的装配示意图

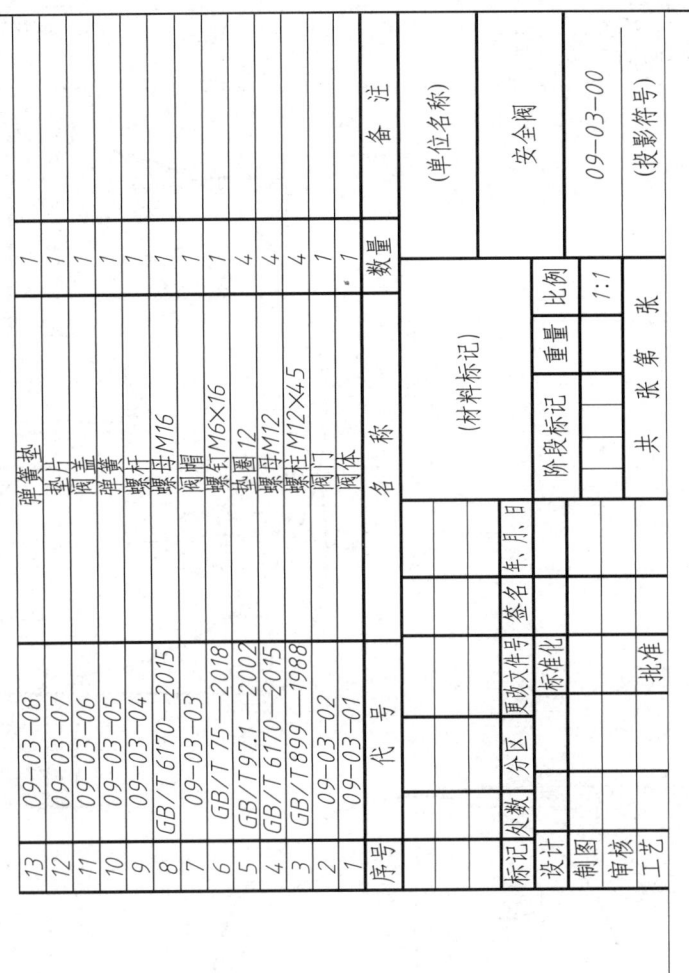

13		09-03-08	弹簧垫		1	
12		09-03-07	垫片		1	
11		09-03-06	调节螺母		1	
10		09-03-05	弹簧		1	
9		09-03-04	螺杆		1	
8	GB/T 6170-2015	螺母 M16		1	
7	GB/T 75-2018	阀帽		1	
6	GB/T 97.1-2002	螺钉 M6×16		1	
5	GB/T 6170-2015	垫圈 12		4	
4	GB/T 899-1988	螺母 M12		4	
3			螺柱 M12×45		4	
2		09-03-02	阀门		1	
1		09-03-01	阀体		1	
序号	代号	名称	(材料标记)	数量	备注

标记	处数	分区	更改文件号	签名	年、月、日		阶段标记	重量	比例	(单位名称)
设计									1:1	安全阀
制图										
审核					共 张 第 张		09-03-00
工艺		批准								(投影符号)

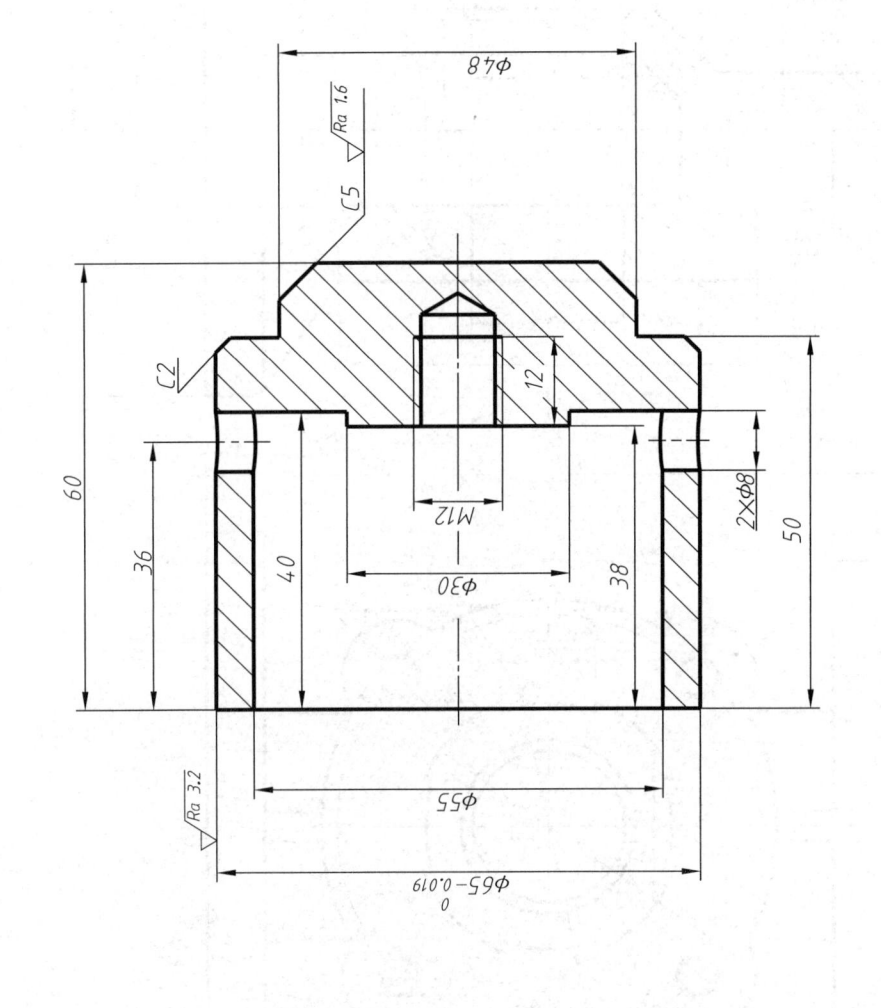

技术要求
C5锥面与零件1对研。 $\sqrt{Ra\,12.5}\,(\sqrt{\ })$

		H62	阶段标记	重量	比例	(单位名称)
					1:1	阀门
						09-03-02
					共 张 第 张	(投影符号)

87

8-1 画装配图(二)(续) （根据安全阀的装配示意图和零件图，绘制装配图）

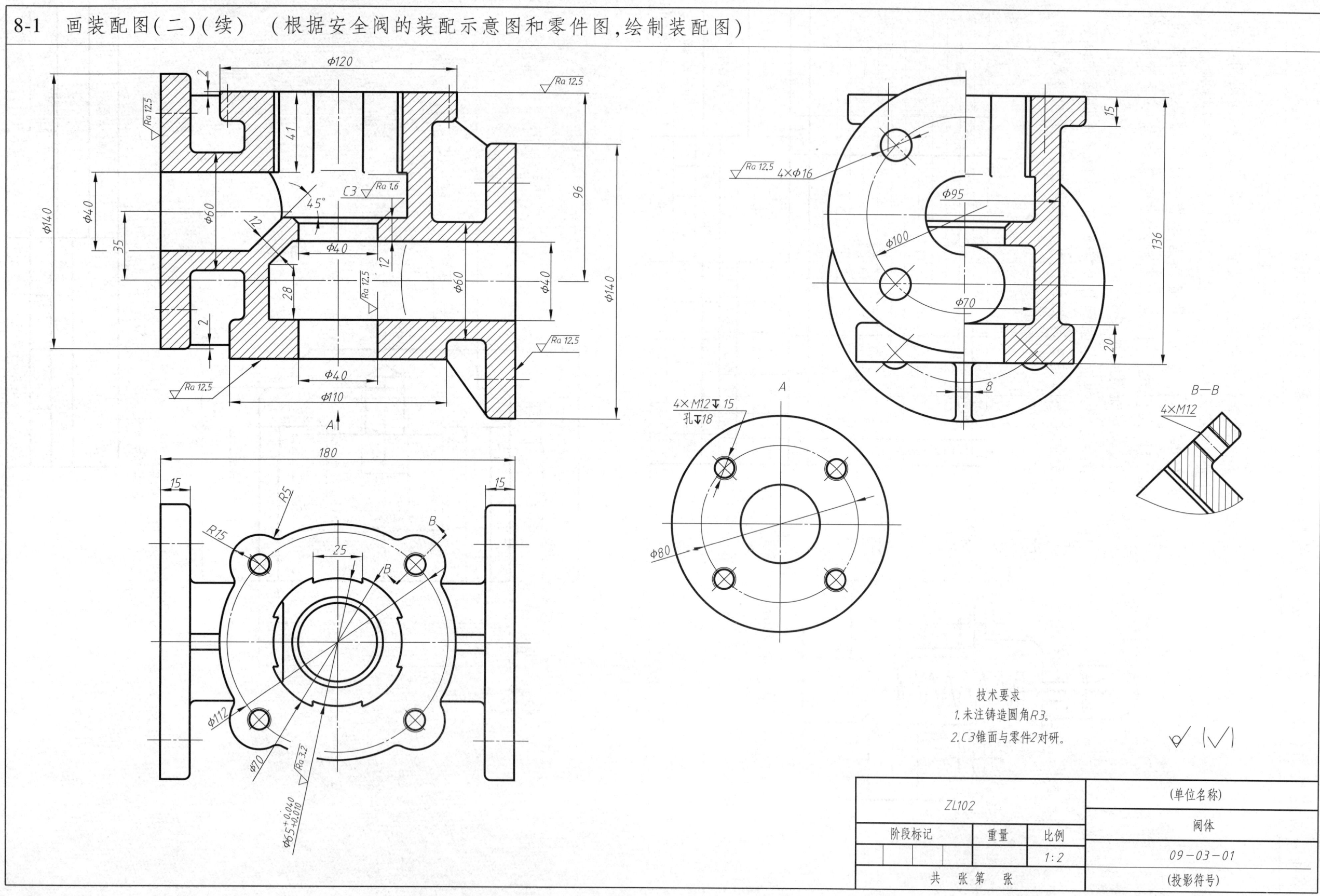

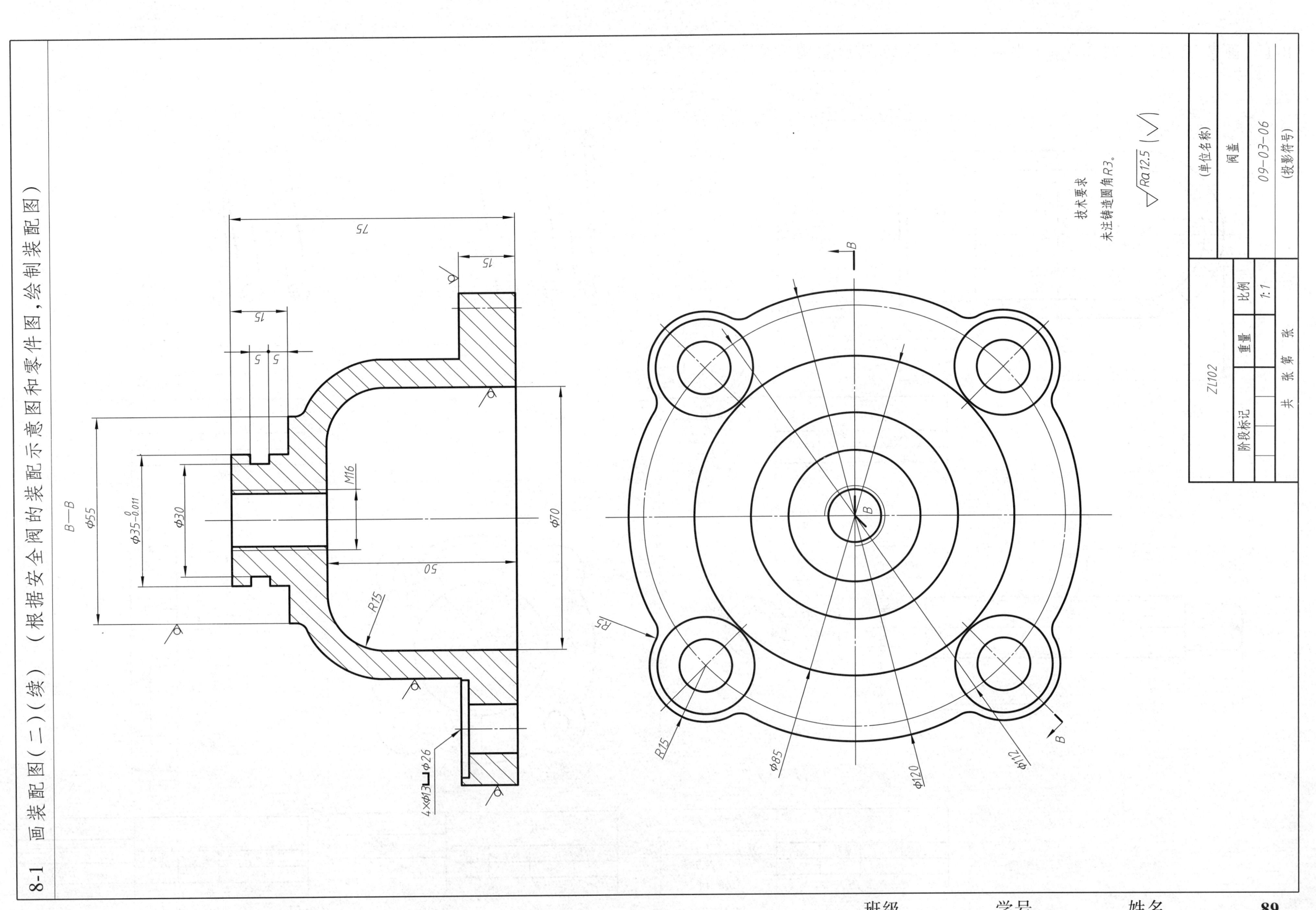

8-1 画装配图(二)(续) （根据安全阀的装配示意图和零件图,绘制装配图）

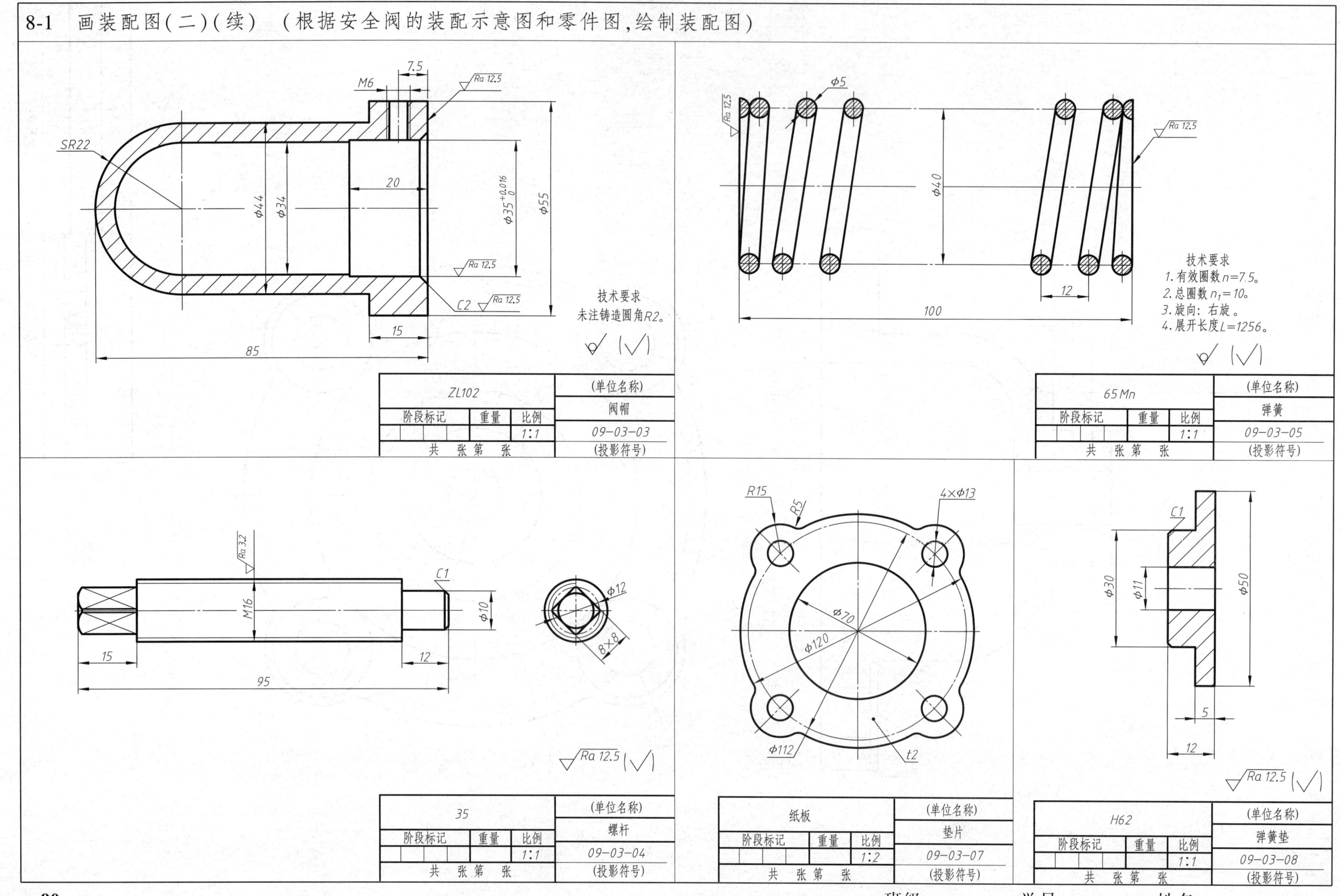

8-2 读装配图(一) (识读机用虎钳的装配图,回答问题并拆画零件图)

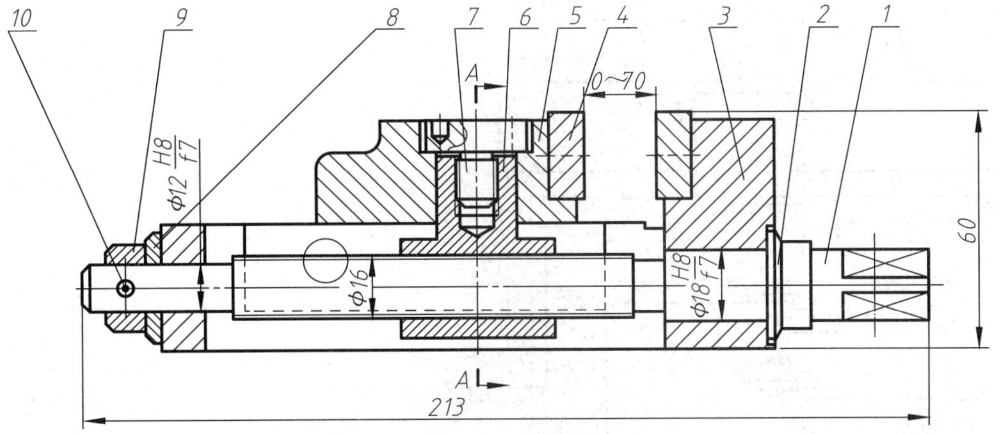

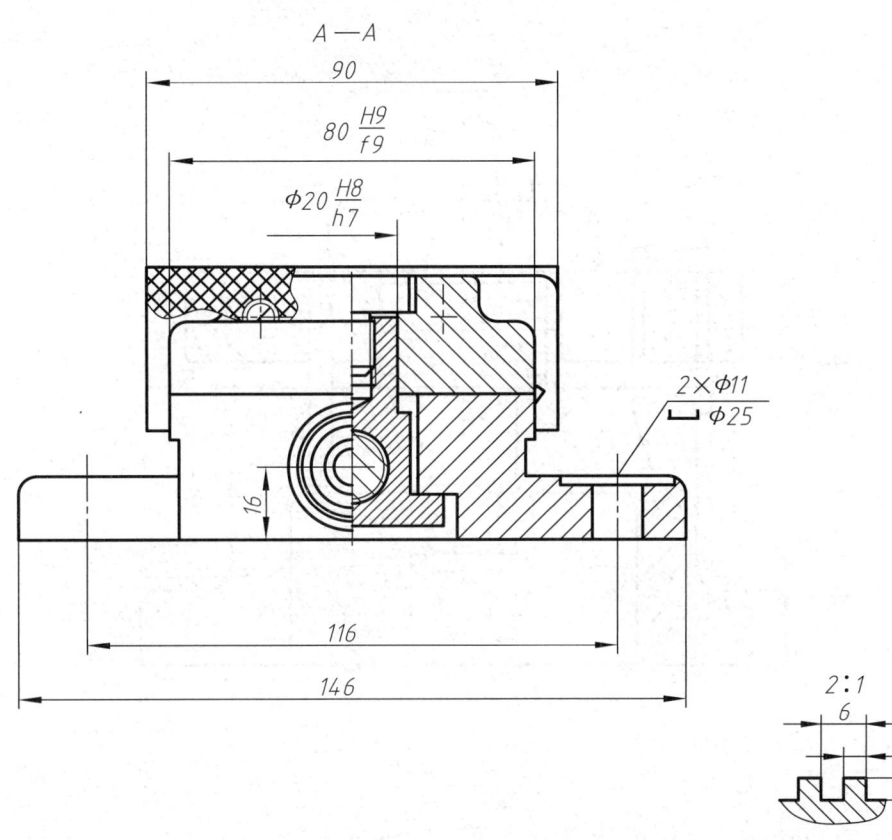

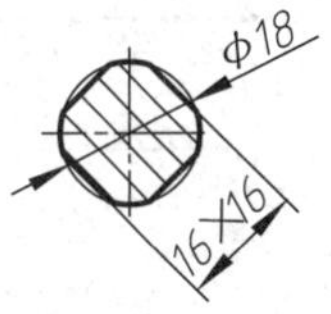

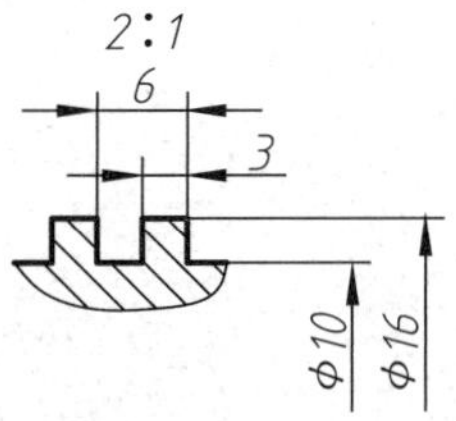

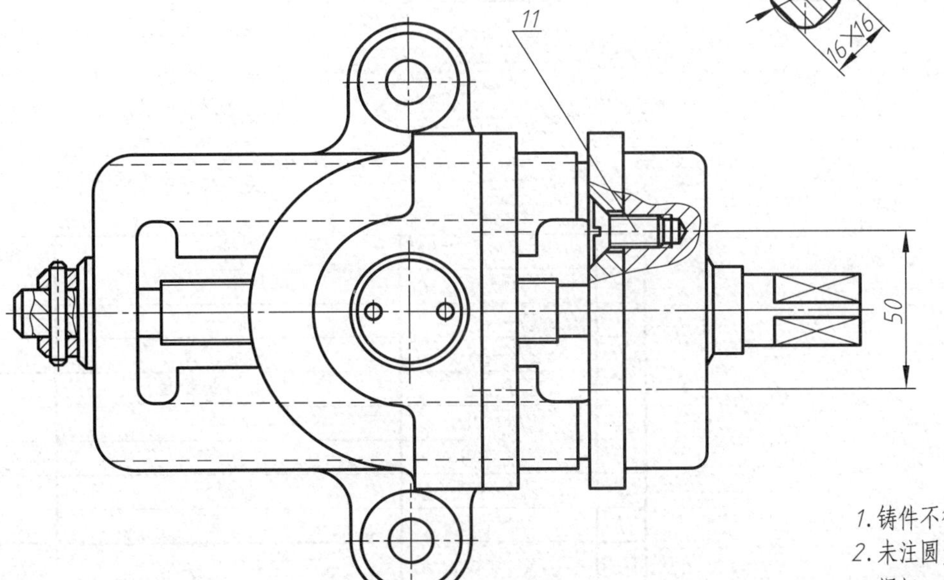

技术要求
1. 铸件不得有气孔、裂纹等缺陷。
2. 未注圆角为R3～R5。
3. 螺杆1和挡圈9上的圆锥销孔配作。
4. 零件在装配前必须清理和清洗干净。
5. 装配前应对零、部件的主要配合尺寸进行复查。
6. 装配过程中零件不允许磕、碰、划伤和锈蚀。

11	GB/T 68—2016	螺钉 M8×20	4	
10	GB/T 117—2000	销 4×24	1	
9	JYHQ-08	挡圈	1	
8	GB/T97.2—2002	垫圈12	1	
7	JYHQ-07	特制螺钉	1	
6	JYHQ-06	特制螺母	1	
5	JYHQ-05	活动钳身	1	
4	JYHQ-04	钳口板	2	
3	JYHQ-03	固定钳身	1	
2	JYHQ-02	垫圈	1	
1	JYHQ-01	螺杆	1	
序号	代 号	名 称	数量	备注

机用虎钳　　JYHQ-00　　1:2

8-2 读装配图(二) （识读钻模的装配图,回答问题并拆画零件图）

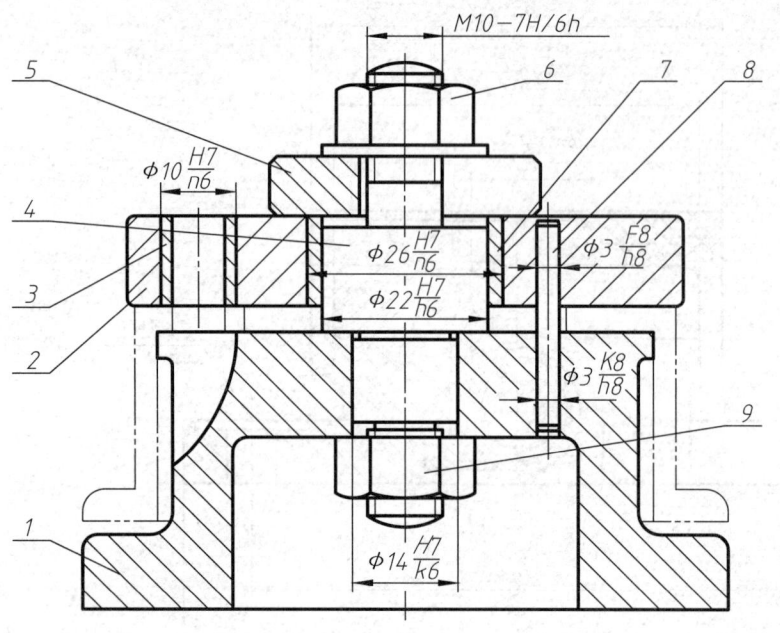

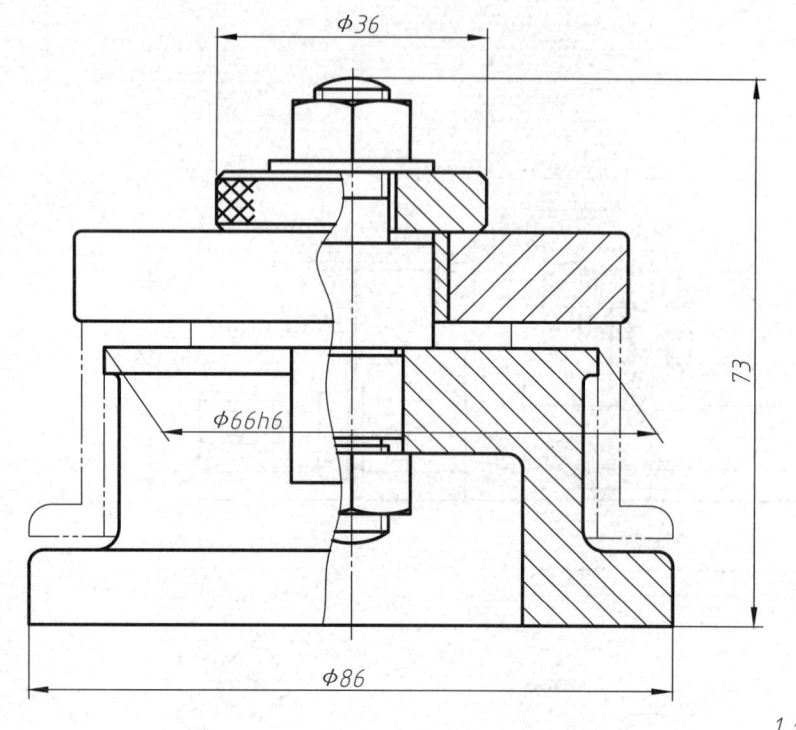

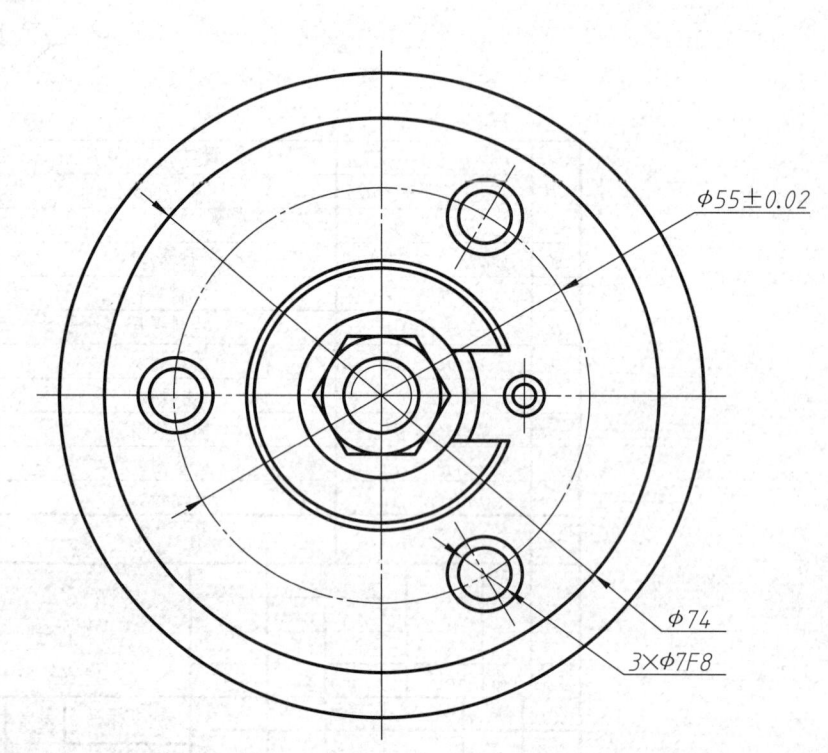

技术要求
1. 铸件不得有气孔、裂纹等缺陷。
2. 未注圆角为R3～R5。
3. 零件在装配前必须清理和清洗干净。
4. 装配前应对零、部件的主要配合尺寸进行复查。
5. 装配过程中零件不允许磕、碰、划伤和锈蚀。

9	GB/T 6170—2015	螺母M10	1	
8	GB/T 119.1—2000	圆柱销3×28	1	
7	ZM—07	衬套	1	
6	ZM—06	特制螺母	1	
5	ZM—05	开口垫圈	1	
4	ZM—04	心轴	1	
3	ZM—03	钻套	3	
2	ZM—02	钻模板	1	
1	ZM—01	底座	1	
序号	代号	名称	数量	备注

钻模

ZM—00

比例 1:1

92

读机用虎钳装配图,回答下列问题并拆画零件图。

一、机用虎钳的工作原理

机用虎钳通常固定在机床工作台上,以钳口夹持工件进行加工。它主要由固定钳身3、活动钳身5、钳口板4、螺杆1和特制螺母6等组成。用扳手转动螺杆1可带动特制螺母6做直线运动,从而带动活动钳身5运动,以实现两钳口板4靠近或远离,最终达到夹紧或松开工件的目的。

二、读懂装配图,回答下列问题

1. 该装配体的名称是_____,共由_____种零件组成。
2. 装配图由____个视图组成,主视图采用了_____剖视图,左视图采用了_____剖视图,俯视图采用了_____剖视图。
3. 图中标注 16×16 的断面表达了_____号零件的右端形状,其断面各对边之间的距离均为_____mm。
4. 1号零件的螺纹牙型是____形,大径为_____mm,该零件的左、右两端与固定钳身孔均采用_____配合,选用这种配合的原因是_____。被该零件遮住的虚线是表示____号零件的轮廓线。
5. 图中1号件、9号件之间采用_____联接。
6. 活动钳身与特制螺母通过_____连为一体。
7. 简述特制螺钉上两个小孔的作用。

8. 简述该装配体的拆装顺序。

三、画图作业

在读懂装配图的基础上,拆画固定钳身3、活动钳身5、特制螺母6和螺杆1的零件图。

读钻模装配图,回答下列问题并拆画零件图。

一、钻模的工作原理

钻模主要由底座、钻模板、钻套、心轴、开口垫圈、特制螺母和衬套等组成。工件需加工3个均布在$\phi(55\pm0.02)$mm上的ϕ7mm的孔。工作时,先松开特制螺母6,拿掉开口垫圈5。钻模板2上的衬套7内孔要大于特制螺母6的外径,而钻模板2与心轴4属于间隙配合,因此很容易将钻模板2从夹具上移走。然后把工件从上方套在底座1上,以工件的内孔定位,限制工件的5个自由度。工件定位后,将钻模板2放回工件上方,注意将钻模板2上的一个小孔与圆柱销8对准,以保证钻套3在底座1上方的正确位置。然后将开口垫圈5插入到特制螺母6的下方,拧紧特制螺母6以夹紧工件。沿钻模板2上的三个钻套3的位置分别进行钻削加工,便能加工出合格的工件。

二、读懂装配图,回答下列问题

1. 该钻模是由____种共____个零件组成。其中标准件共____种。
2. 件8是_____,其公称直径 $d=$_____,公称长度 $l=$_____。
3. 件1底座的侧面有____个弧形槽,弧形槽的主要作用是_____,与被钻孔工件定位的尺寸为_____。
4. 钻模板2上有____个ϕ10H7孔,图中双点画线表示_____,是_____画法。
5. ϕ22H7/h6是件号____和件号____的配合尺寸,属于_____制配合,H7表示_____的公差代号,h表示件号____的_____代号,7和6代表_____。
6. M10-7H/6h 含义:M是_____代号,10表示_____,7H表示_____。
7. 与底座1相邻的零件有_____(只写出件号)。
8. 钻模的外形尺寸:长_____、宽_____、高_____。
9. 主视图采用了_____剖,剖切平面与俯视图中的_____重合,故省略了标注,左视图采用了_____剖。

三、画图作业

在读懂装配图的基础上,拆画底座1、钻模板2和心轴4的零件图。

8-2 读装配图(三) （识读柱塞泵的装配图,回答问题并拆画零件图）

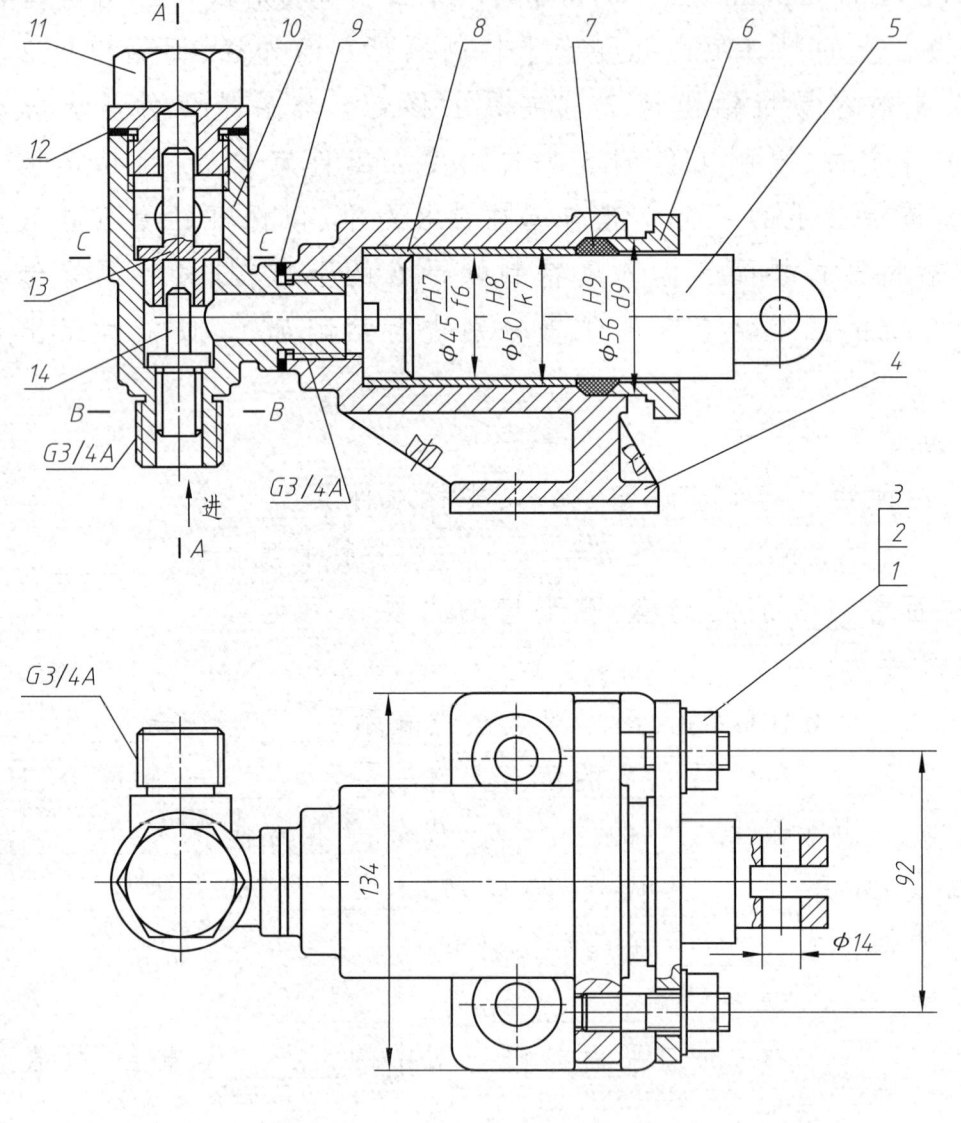
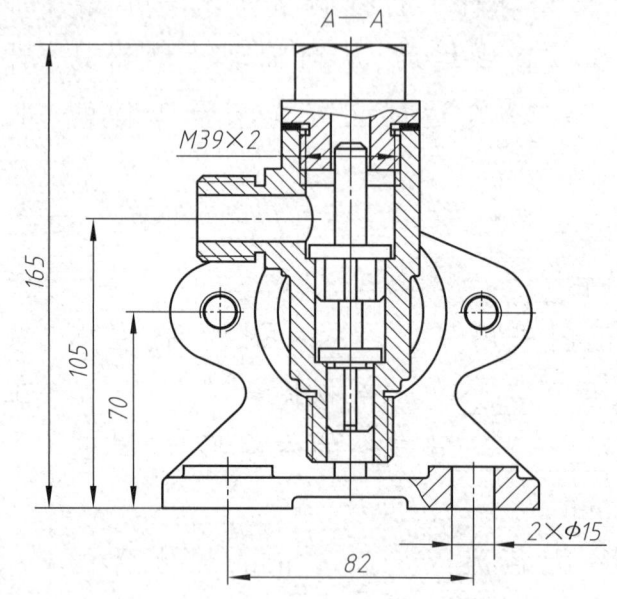

技术要求
1. 铸件不得有气孔、裂纹等缺陷。
2. 未注圆角为 R3～R5。
3. 零件在装配前必须清理和清洗干净。
4. 装配前应对零、部件的主要配合尺寸进行复查。
5. 装配过程中零件不允许磕、碰、划伤和锈蚀。
6. 装配后应进行压力试验。
7. 密封要可靠,不应有任何泄漏现象。

14	ZSB-08	下阀瓣	1	
13	ZSB-07	上阀瓣	1	
12		垫圈	1	
11	ZSB-06	盖螺母	1	
10	ZSB-05	管接头	1	
9		垫圈	1	
8	ZSB-04	衬套	1	
7		填料	1	
6	ZSB-03	填料压盖	1	
5	ZSB-02	柱塞	1	
4	ZSB-01	泵体	1	
3	GB/T 898—1988	螺柱 M12×45	2	
2	GB/T 97.1—2002	垫圈 12	2	
1	GB/T 6170—2015	螺母 M12	2	
序号	代号	名称	数量	备注

柱塞泵　ZSB-00　比例 1:2.5

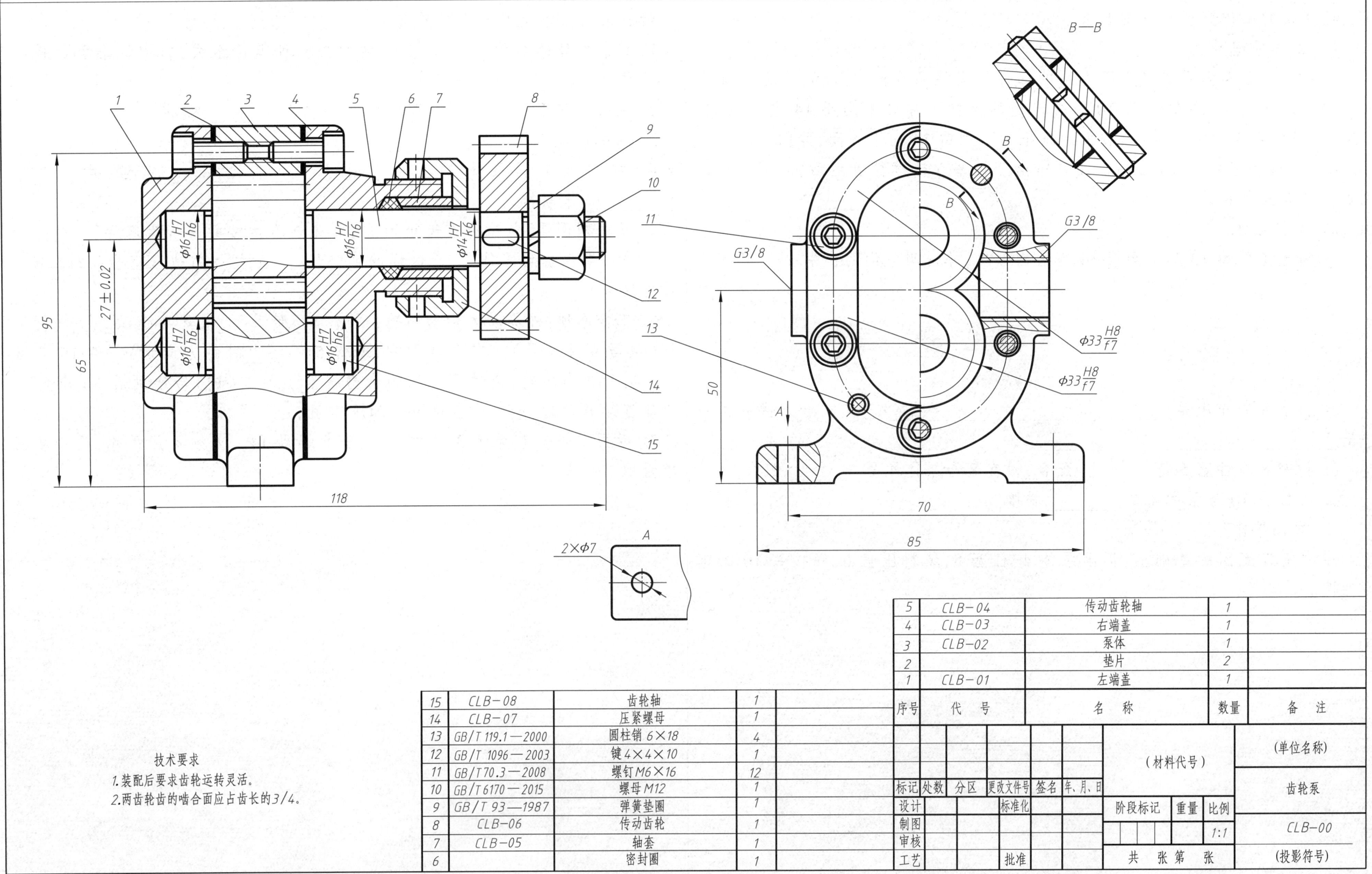

读柱塞泵装配图,回答问题并拆画零件图。

柱塞泵的工作原理和读图要求

一、工作原理

柱塞泵是用来向系统提供压力油的部件。当柱塞 5 向右移动时,泵体 4 左端内腔形成真空,与管接头 10 下端连通的油向上冲开下阀瓣 14 进入油腔。反之,当柱塞 5 向左移动时,腔内油压推动下阀瓣 14 向下关闭,并向上冲开上阀瓣 13,油由管接头 10 后方出油口输出。柱塞 5 连续往复运动,即可实现向系统输送压力油。

二、读图要求

1. 看懂上阀瓣 13 和下阀瓣 14 的结构形状,并说明它们的作用。

2. 衬套 8 的作用是_____,其左端方槽的作用是_____。

3. 衬套 8 与柱塞 5 是_____配合,衬套 8 与泵体 4 是_____配合。

4. 管接头 10 与泵体 4 是_____联接。

三、画图要求

在读懂装配图的基础上,拆画泵体 4、柱塞 5、填料压盖 6、管接头 10 的零件图。

读齿轮泵装配图,回答问题并拆画零件图。

齿轮泵的工作原理和读图要求

1. 该装配体的名称是_____,共由____种零件组成,其中标准零部件有____种,共用____个视图来表达。

2. 主视图采用了_____剖视,左视图属于_____剖视。

3. 图中件 6 的作用是防止_____。

4. 左端盖 1 和泵体 3 之间采用了____个_____定位,由____个_____来联接。

5. 从主视图看,若需拆去齿轮轴 15,首先在右边按顺序拆去零件____,然后在左边按顺序拆去零件____,这样就可以从____(左、右)边取出齿轮轴(填写零件序号)。

6. 工作原理:外界动力带动齿轮,通过____带动____,然后带动____进行工作(填写零件序号)。在左视图中,若件 5 做____时针方向运转,件 15 将做____时针方向运转,通过两齿轮的齿槽将油从前方(进)传送到后方(出),当齿轮连续转动时,产生了齿轮泵的加压作用。

7. 拆画左端盖 1、泵体 3、右端盖 4、压紧螺母 14。无须标注尺寸,尺寸从图中量取。

项目9 国外典型制图标准简介与应用

9-1 利用第三角投影法绘制三视图

1.

2.

项目10 AutoCAD 软件的典型应用

10-1 利用 AutoCAD 绘制平面图形

1.

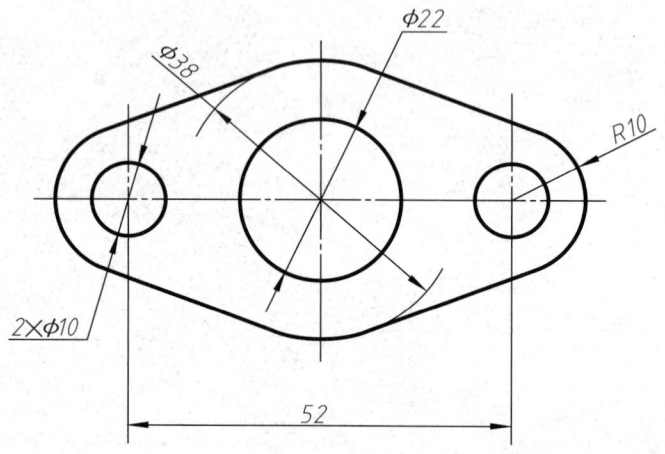

2.

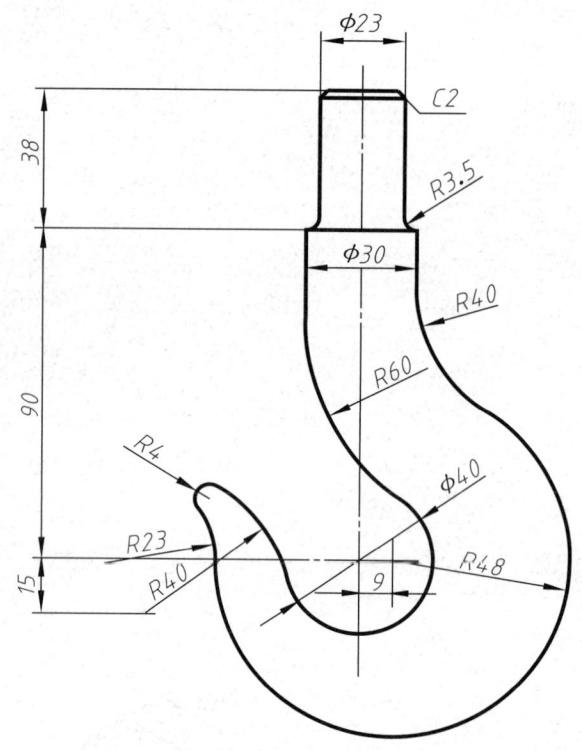

3.

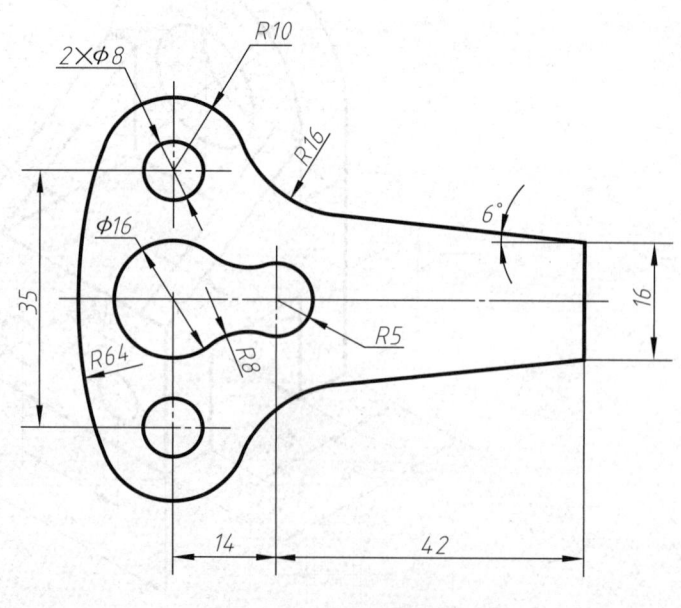

10-2 利用 AutoCAD 绘制三视图和剖视图

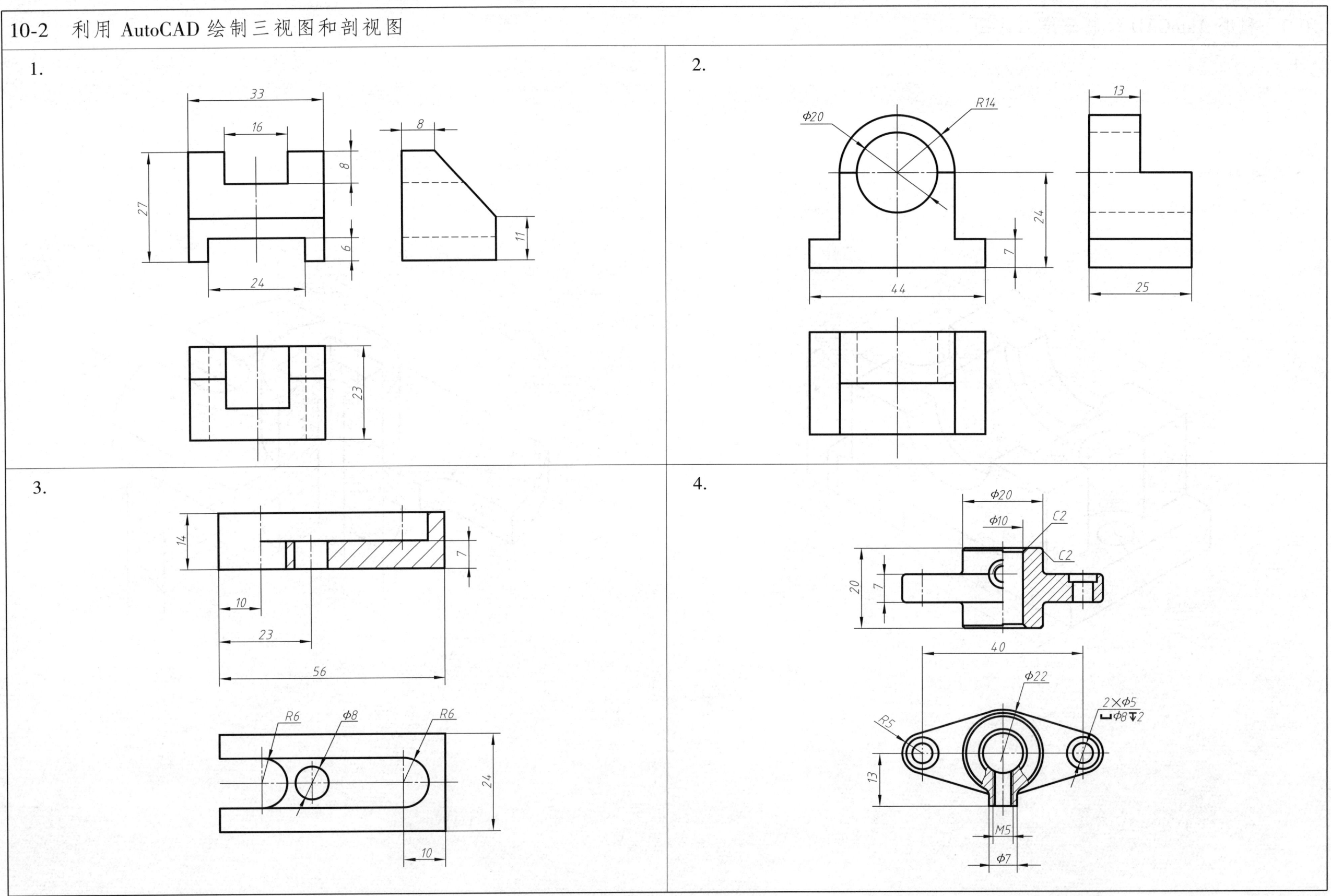

10-3 利用 AutoCAD 绘制三维立体图

1.

2.

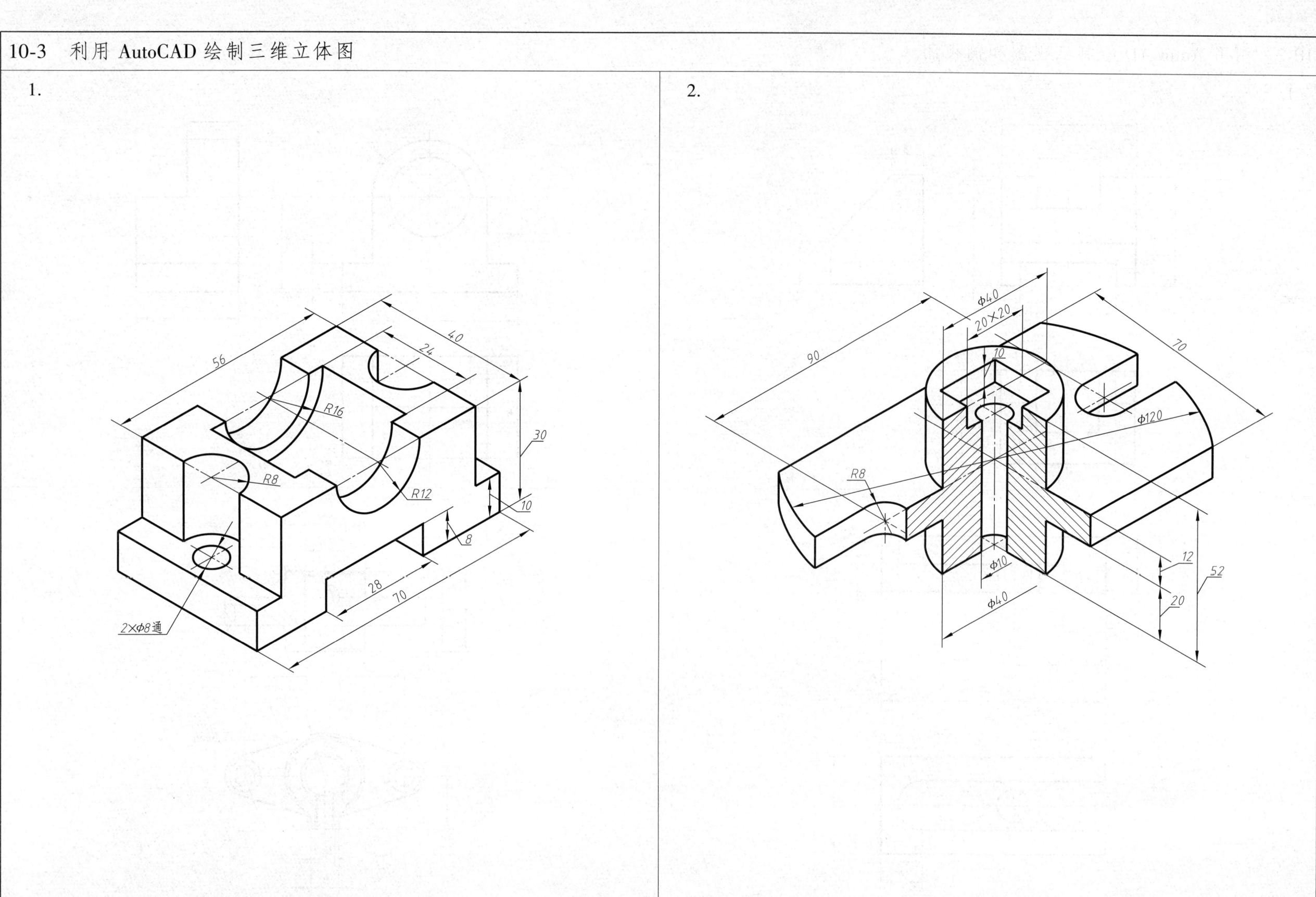

100 　　　班级　　学号　　姓名